"十二五"职业教育国家规划教材

经全国职业教育教材审定委员会审定

机床电气控制与排故

主编　方爱平

参编　娄明珠　潘　波　陈　浙　葛　卿

麻正亮　吴瑜钢　王　帆

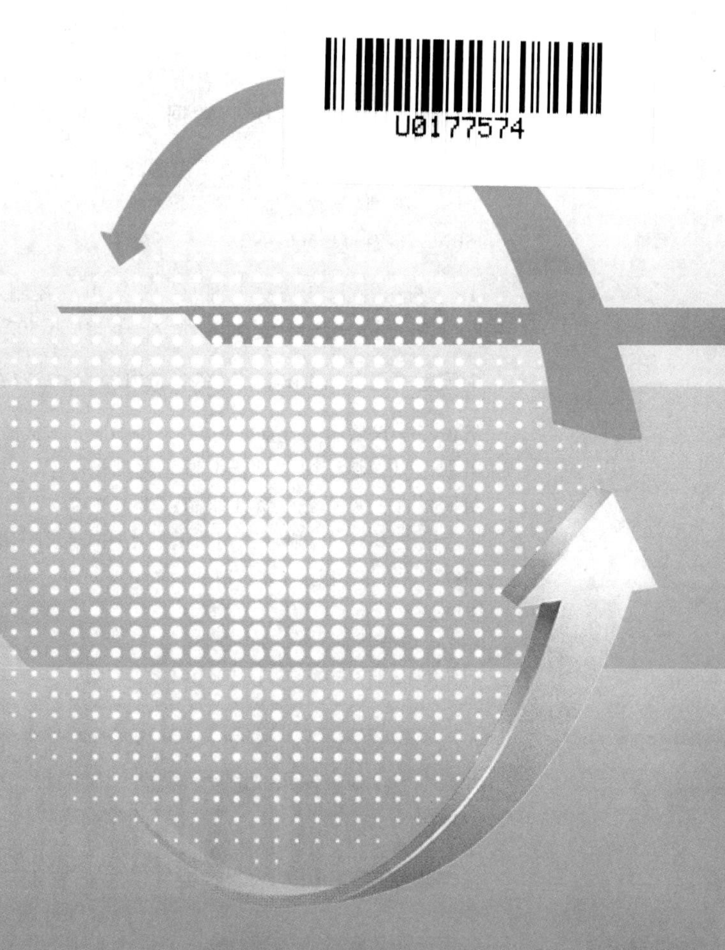

本书是经全国职业教育教材审定委员会审定的“十二五”职业教育国家规划教材，是根据教育部于2014年公布的《中等职业学校电气运行与控制专业教学标准》，同时参考维修电工等相关职业资格标准编写的。

本书以任务驱动教学法为依据，以应用为目的，以具体的项目任务为载体，主要内容包括机床设备的认识、CA6140型卧式车床的电气调试及故障排除、M7130G/F型平面磨床的电气调试及故障排除、Z3032型摇臂钻床的电气调试及故障排除、T68型镗床的电气调试及故障排除、XA0532型立式升降台铣床的电气调试及故障排除、DK7740型线切割机床的电气调试及故障排除、CKD6140i型数控车床的电气调试及故障排除。

本书可作为中等职业学校电气类专业教材，也可作为电气控制系统运行、管理与维修相关岗位的培训教材。

为便于教学，本书配套有电子教案、助教课件等教学资源，选择本书作为教材的教师可来电（010-88379195）索取，或登录www.cmpedu.com网站，注册、免费下载。

图书在版编目（CIP）数据

机床电气控制与排故/方爱平主编. —北京：机械工业出版社，2015.9
“十二五”职业教育国家规划教材
ISBN 978-7-111-50610-2

Ⅰ.①机… Ⅱ.①方… Ⅲ.①机床-电气控制-职业教育-教材②机床-控制电路-故障修复-职业教育-教材 Ⅳ.①TG502.35

中国版本图书馆CIP数据核字（2015）第137173号

机械工业出版社（北京市百万庄大街22号 邮政编码100037）
策划编辑：赵红梅 责任编辑：赵红梅 王 荣 责任校对：肖 琳
封面设计：张 静 责任印制：李 飞
北京机工印刷厂印刷（三河市南杨庄国丰装订厂装订）
2017年6月第1版第1次印刷
184mm×260mm · 9.5印张 · 228千字
0001—1900册
标准书号：ISBN 978-7-111-50610-2
定价：28.00元

凡购本书，如有缺页、倒页、脱页，由本社发行部调换

电话服务
服务咨询热线：010-88379833
读者购书热线：010-88379649

网络服务
机 工 官 网：www.cmpbook.com
机 工 官 博：weibo.com/cmp1952
教育服务网：www.cmpedu.com
金 书 网：www.golden-book.com

前言

本书是根据教育部《关于中等职业教育专业技能课教材选题立项的函》（教职成司［2012］95号），由全国机械职业教育教学指导委员会和机械工业出版社联合组织编写的“十二五”职业教育国家规划教材，是根据教育部于2014年公布的《中等职业学校电气运行与控制专业教学标准》，同时参考维修电工（中级工）职业资格标准编写的。

本书主要介绍典型机床的认识、使用以及故障排除，重点强调培养学生科学的思维方式、综合的职业能力及对新技术的探究能力，编写过程中力求体现以下特色。

1. 执行新标准。本书中所选取的教学内容均以新国标为依据，文中涉及电气图形及文字符号等均采用最新国家标准。

2. 清晰的结构。本书设计了8个项目：机床设备的认识、CA6140型卧式车床的电气调试及故障排除、M7130G/F型平面磨床的电气调试及故障排除、Z3032型摇臂钻床的电气调试及故障排除、T68型镗床的电气调试及故障排除、XA0532型立式升降台铣床的电气调试及故障排除、DK7740型线切割机床的电气调试及故障排除、CKD6140i型数控车床的电气调试及故障排除。每个项目涉及一种类型的机床，这种编写结构的设计清晰，方便教学选用及学生学习和查询。

3. 为每个项目设计了工作场景。通过每个项目的工作场景设置，更加自然地将学生带入这一项目的学习中。

全书分8个项目，由宁波鄞州职教中心方爱平任主编，上海信息学校娄明珠，宁波职教中心潘波，宁波鄞州职教中心陈浙、葛卿、麻正亮、吴瑜钢、王帆参编。其中，娄明珠编写项目一，陈浙编写项目二，潘波编写项目三，葛卿编写项目四，麻正亮编写项目五，吴瑜钢编写项目六，方爱平编写项目七并负责全文统稿，王帆编写项目八。本书经全国职业教育教材审定委员会审定，评审专家对本书提出了宝贵的建议，在此对他们表示衷心感谢！编写过程中，编者参阅了国内外出版的有关教材和资料，在此一并表示衷心感谢！

由于编者水平有限，书中不妥之处在所难免，恳请读者批评指正。

编　者

目　录

前言

项目一　机床设备的认识 …… 1

任务一　认识机床 …… 2
任务二　了解机床电气维修基本知识 …… 6

项目二　CA6140 型卧式车床的电气调试及故障排除 …… 14

任务一　认识 CA6140 型卧式车床 …… 14
任务二　操作 CA6140 型卧式车床 …… 18
任务三　CA6140 型卧式车床电气控制系统的一般故障排除及调试 …… 26

项目三　M7130G/F 型平面磨床的电气调试及故障排除 …… 31

任务一　认识 M7130G/F 型平面磨床 …… 31
任务二　操作 M7130G/F 型平面磨床 …… 36
任务三　M7130G/F 型平面磨床电气控制系统的一般故障排除及调试 …… 43

项目四　Z3032 型摇臂钻床的电气调试及故障排除 …… 49

任务一　认识 Z3032 型摇臂钻床 …… 49
任务二　操作 Z3032 型摇臂钻床 …… 53
任务三　Z3032 型摇臂钻床电气控制系统一般故障排除及调试 …… 60

项目五　T68 型镗床的电气调试及故障排除 …… 66

任务一　认识 T68 型镗床 …… 67
任务二　操作 T68 型镗床 …… 71
任务三　T68 型镗床电气控制系统的一般故障排除及调试 …… 78

项目六　XA0532 型立式升降台铣床的电气调试及故障排除 …… 82

任务一　认识 XA0532 型立式升降台铣床 …… 82
任务二　操作 XA0532 型立式升降台铣床 …… 88
任务三　XA0532 型立式升降台铣床电气控制系统的一般故障排除及调试 …… 96

项目七　DK7740 型线切割机床的电气调试及故障排除 …… 103

任务一　认识 DK7740 型线切割机床 …… 103
任务二　操作 DK7740 型线切割机床 …… 107

任务三 DK7740 型线切割机床电气控制系统的一般故障排除及调试 …… 112

项目八 CKD6140i 型数控车床的电气调试及故障排除 …… 119

任务一 认识 CKD6140i 型数控车床 …… 119
任务二 了解 CKD6140i 型数控车床的电气控制原理 …… 126
任务三 CKD6140i 型数控车床电气控制系统的一般故障排除及调试 …… 137

参考文献 …… 146

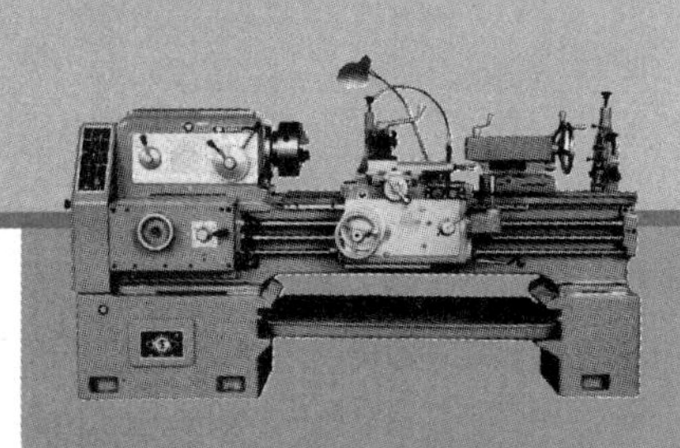

项目一

机床设备的认识

【工作场景】

走进工厂，我们总会看到类似图 1-1 的场景。工人在设备上加工零件。这类设备有很多种形状，有的体形较小，有的体形较大，工人师傅会告诉你这种设备叫作机床。下面就让我们走进车间去认识这些各式各样的机床。

图 1-1　车间一角

【学习目标】

1）了解机床的作用。

2）了解机床的分类。

3）了解机床的发展过程。

4）了解机床维护的相关知识。

5）了解机床排除故障的基本方法。

任务一 认识机床

机床是对金属或其他材料的坯料或工件进行加工，使之获得所需求的几何形状、尺寸精度和表面质量的机器，又称其为制造机器的机器，亦称工作母机或工具机，习惯上简称机床。机床一般分为金属切削机床、锻压机床和木工机床等。现代机械制造中加工机械零件的方法很多，除切削加工外，还有铸造、锻造、焊接、冲压和挤压等，但凡属精度要求较高和表面粗糙度要求较细的零件，一般都需在机床上用切削或磨削的方法进行最终加工。机床在国民经济现代化的建设中起着重大作用。

1. 机床的分类

机床可按不同的分类方法划分为多种类型。

1）按加工方式或加工对象，可分为车床、钻床、镗床、磨床、齿轮加工机床、螺纹加工机床、花键加工机床、铣床、刨床、插床、拉床、特种加工机床、锯床和刻线机等。每类中又按其结构或加工对象分为若干组，每组中又分为若干型。

2）按工件大小和机床重量，可分为仪表机床、中小型机床、大型机床、重型机床和超重型机床。

3）按加工精度，可分为普通精度机床、精密机床和高精度机床。

4）按自动化程度，可分为手动操作机床、半自动机床和自动机床。

5）按机床的自动控制方式，可分为仿形机床、程序控制机床、数控机床、适应控制机床、加工中心和柔性制造系统。

6）按机床的适用范围，又可分为通用机床、专门化机床和专用机床。

对一种或几种零件的加工，按工序先后安排一系列机床，并配以自动上下料装置和机床与机床间的工件自动传递装置，这样组成的一列机床群称为切削加工自动生产线。

（1）车床　车床是一种应用极为广泛的金属切削机床，能够车削外圆、内圆、端面、螺纹、切断及割槽等，并可以装上钻头或铰刀进行钻孔和铰孔等加工。车床的结构形式很多，有卧式车床、落地车床和单柱立式车床等。图1-2所示为卧式车床，图1-3所示为落地车床。

（2）钻床　机械加工过程中经常需要加工各种各样的孔，钻床就是一种用途广泛的孔加工机床，它主要用于钻削精度要求不太高的孔，还可以用来扩孔、铰孔、镗钻以及攻螺纹等。

钻床的结构形式很多，有立式钻床、卧式钻床、台式钻床和深孔钻床等，图1-4所示为几种常见的钻床，其中摇臂钻床是一种立式钻床。

（3）磨床　磨削是人类自古以来就知道的一种技术，旧石器时代，磨制石器用的就是这种技术。后来随着金属器具的使用促进了研磨技术的发展。但是，设计出名副其实的磨削机械还是近代的事情。

图 1-2　卧式车床

图 1-3　落地车床

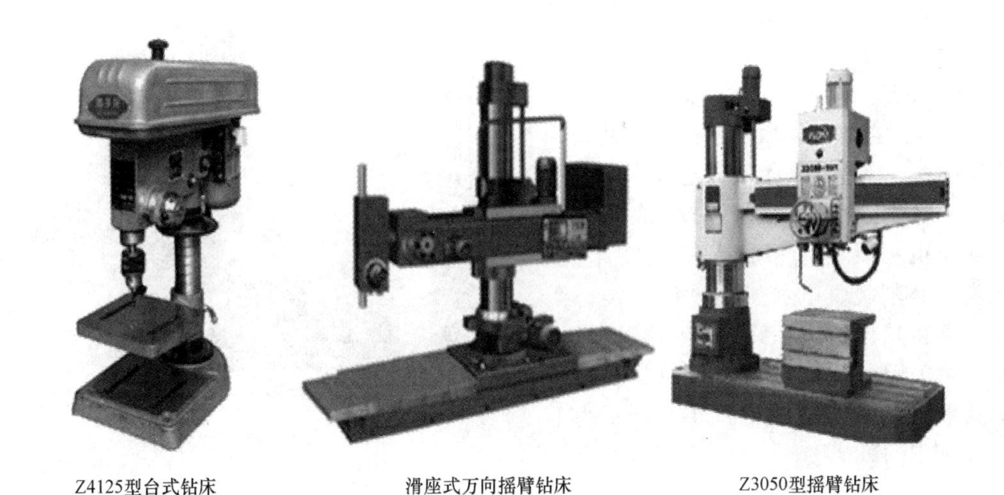

图 1-4　常见部分钻床

磨床根据用途不同，可分为外圆磨床、内圆磨床、平面磨床、无心磨床以及一些专用磨床，如螺纹磨床、球面磨床、齿轮磨床、导轨磨床等。图 1-5 所示为磨床的外形图。

（4）铣床　铣床是指用铣刀在工件上加工多种表面的机床。图 1-6 所示为某铣床的外形图。铣床是一种用途广泛的机床，在铣床上可以加工平面（水平面、垂直面）、沟槽（键槽、T 形槽、燕尾槽等）、分齿零件（齿轮、花键轴、链轮）、螺旋形表面（螺纹、螺旋槽）及各种曲面。此外，还可用于对回转体表面、内孔加工及进行切断工作等。

（5）镗床　镗床是用来加工尺寸较大、精度要求较高的孔的机床，特别适用于加工分布在零件不同位置上的相对位置精度要求较高的孔系，通常用来对经过铸、锻、钻等工艺加工的孔做进一步加工。图 1-7 所示为某镗床的外形图。

（6）数控机床　数控机床采用数字化信息技术，将机床的各种动作、工件的形状、尺寸以及机床的其他功能用一些数字代码表示，把这些数字代码通过信息载体输入数控系统，数控系统经过译码、运算以及处理，发出相应的动作指令，自动地控制机床的刀具与工件的相对运

图 1-5　磨床的外形

图 1-6　铣床的外形

动，从而加工出所需要的工件。数控机床是一种综合应用了计算机技术，机械制造技术，微电子技术，信息处理、加工、传输技术，自动控制技术，伺服驱动技术，精密测量监控技术，传感器技术等先进技术的典型机电一体化产品，是现代制造技术的基础。

图 1-7　镗床的外形

数控机床种类繁多，有钻铣镗床类、车削类、磨削类、电加工类、锻压类、激光加工类和其他特殊用途的专用数控机床等，凡是采用了数控技术进行控制的机床统称为数控（NC）机床。图 1-8 所示为部分数控机床的外形图。

YHM600数控铣床

CJK6132数控车床

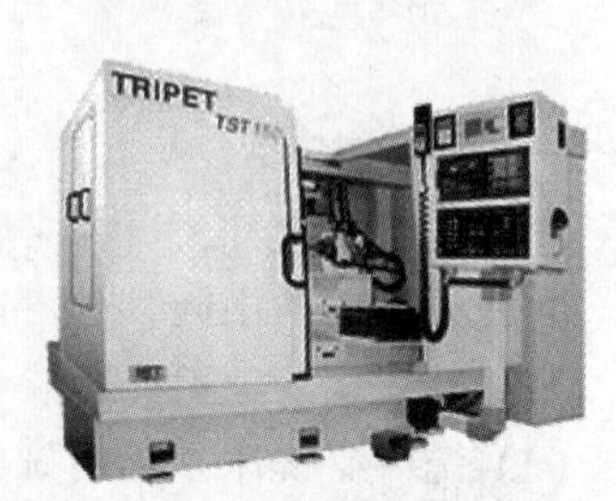

美国哈挺Tripet内孔和外圆CNC磨床

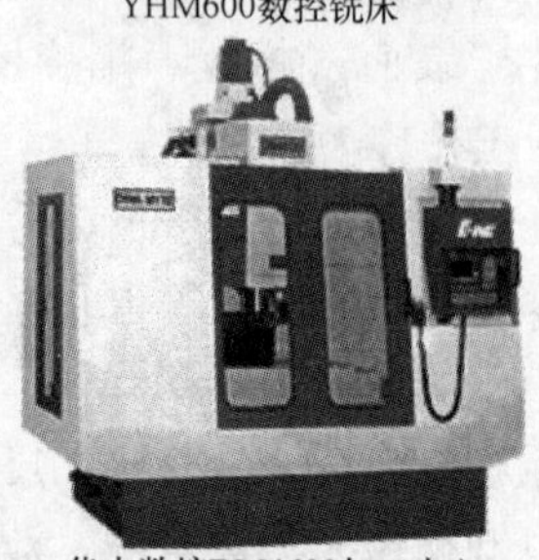

华中数控DM4600加工中心

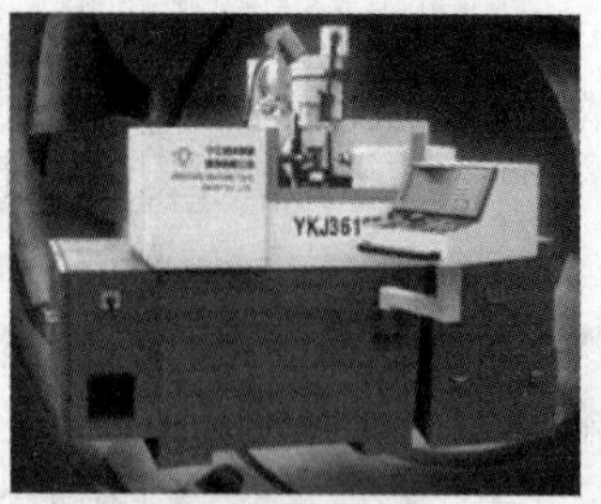

YKJ3610数控高效卧式滚齿机

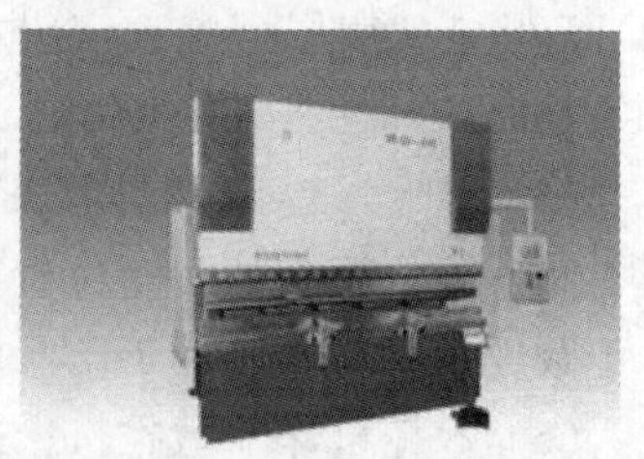

捷迈数控WD系列数控电液同步折弯机

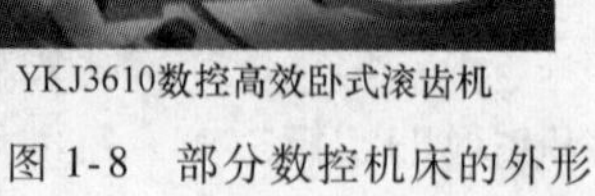

图 1-8　部分数控机床的外形

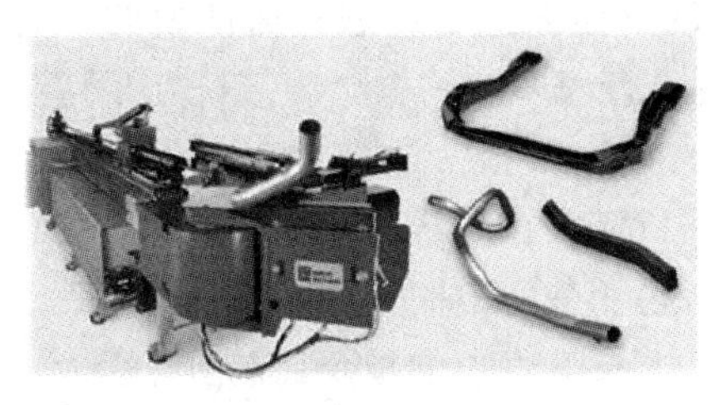

伊顿-伦纳德vb80弯管机

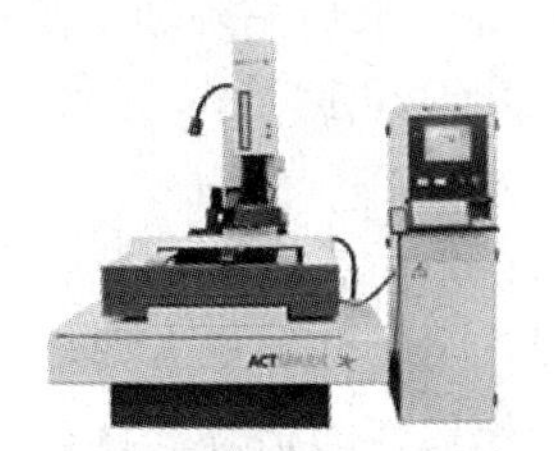

北京阿奇夏米尔高速走丝线切割机

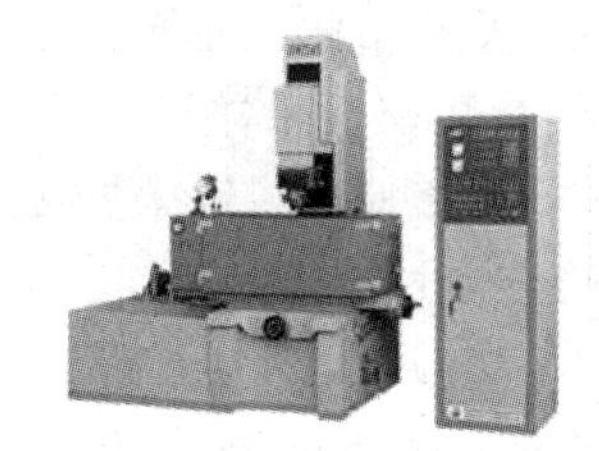

福斯特DK71系列数控电火花成型机

菱电ML3015HV数控激光加工机

图 1-8　部分数控机床的外形（续）

2. 机床的发展过程

由于制造钟表和武器的需要，15 世纪出现了机床雏形，即钟表匠用的螺纹车床和齿轮加工机床，以及水力驱动的炮筒镗衣。

18 世纪的工业革命推动了机床的发展。1774 年，英国人约翰·威尔金森发明了较精密的炮筒镗床。次年，他用这台炮筒镗床镗出的气缸，满足了瓦特蒸汽机的要求。为了镗制更大的汽缸，他又于 1775 年制造了一台水轮驱动的气缸镗床，促进了蒸汽机的发展。从此，机床开始用蒸汽机通过曲轴驱动。

1797 年，英国人莫兹利创制成的车床由丝杠传动刀架，能实现机动进给和车削螺纹，这是机床结构的一次重大变革。莫兹利也因此被称为“英国机床工业之父”。

19 世纪，由于纺织、动力、交通运输机械和军火生产的推动，各种类型的机床相继出现。1817 年，英国人罗伯茨创制龙门刨床；1818 年，美国人伊莱·惠特尼制成卧式铣床；1876 年，美国制成万能外圆磨床；1835 年和 1897 年又先后发明滚齿机和插齿机。

随着电动机的发明，机床开始先采用电动机集中驱动，后又广泛使用单独电动机驱动。

19 世纪末到 20 世纪初，铣床、刨床、磨床、钻床等主要机床已经基本定型，这样就为 20 世纪的精密机床和生产机械化和半自动化创造了条件。

在 20 世纪的前 20 年内，人们主要是围绕铣床、磨床和装配流水生产线展开的。由于汽车、飞机及其发动机生产的要求，在大批加工形状复杂、高精度及高光洁度的零件时，迫切需要精密的、自动的铣床和磨床。由于多螺旋线刀刃铣刀的问世，基本上解决了单刃铣刀所产生的振动和光洁度不高的问题，从而使铣床成为加工复杂零件的重要设备。

被世人誉为“汽车之父”的福特提出：汽车应该是“轻巧的、结实的、可靠的和便宜的”。为了实现这一目标，必须研制高效率的磨床。美国人诺顿于 1900 年用金刚砂和刚玉石制成直径大而宽的砂轮，以及刚度大而牢固的重型磨床。磨床的发展使机械制造技术进入了精密化的新阶段。

1920 年机械制造技术进入了半自动化时期，液压和电器元件在机床和其他机械上逐渐得到了应用。1938 年，液压系统和电磁控制不但促进了新型铣床的发明，而且在龙门刨床等机床上也推广使用。20 世纪 30 年代以后，行程开关—电磁阀系统几乎用到各种机床的自动控制系统中。

第二次世界大战以后，由于数控、群控机床和自动线的出现，机床的发展进入了自动化时期。数控机床是在电子计算机发明之后，运用数字控制原理，将加工程序、要求和更换刀具的操作数码和文字码作为信息进行存储，并按其发出的指令控制机床。

世界第一台数控机床（铣床）诞生（1951 年）的方案，是美国的约翰·帕森斯在研制检查飞机螺旋桨叶剖面轮廓的板叶加工机时向美国空军提出的，在麻省理工学院的参与和协助下完成的。1951 年，他们正式制成了第一台电子管数控机床样机，成功地解决了多品种小批量的复杂零件加工的自动化问题。以后，一方面数控原理从铣床扩展到铣镗床、钻床和车床，另一方面，则从电子管向晶体管、集成电路方向过渡。1958 年，美国研制成能自动更换刀具，以进行多工序加工的加工中心。

世界第一条数控生产线诞生于 1968 年。英国的毛林斯机械公司研制成了第一条数控机床组成的自动线，不久，美国通用电气公司提出了“工厂自动化的先决条件是零件加工过程的数控和生产过程的程控”，于是，20 世纪 70 年代中期出现了自动化车间，自动化工厂也已开始建造。1970~1974 年，由于小型计算机广泛应用于机床控制，出现了三次技术突破。第一次是直接数字控制器，使一台小型电子计算机同时控制多台机床，出现了“群控”；第二次是计算机辅助设计，用一支光笔进行设计、修改及计算程序；第三次是按加工的实际情况及意外变化等反馈自动改变加工用量和切削速度，出现了自适控制系统的机床。

任务二 了解机床电气维修基本知识

1. 机床电气维修的一般要求

机床在运行的过程中，由于各种原因难免会产生各种故障，致使设备不能正常工作，不但影响生产效率，严重时还会造成人身设备事故。因此，机床发生故障后，能够及时、熟练、准确、迅速、安全地查出故障，并加以排除，尽早恢复设备正常运行是非常重要的。

对机床维修的一般要求如下：

1）采取的维修步骤和方法必须正确，切实可行。

2）不得损坏完好的电器元件。

3）不得随意更换电器元件及连接导线的型号规格。

4）不得擅自改动线路。

5）损坏的电气装置应尽量修复使用，但不得降低其固有的性能。

6）机床的各种保护性能必须满足要求。

7）绝缘电气合格，通电试车能满足电路的各种功能，控制环节的动作程序符合要求。

8）修理后的电器元件必须满足其质量标准要求。电器元件的检修质量标准是：

① 外观整洁，无破损和碳化现象。

② 所有的触头均应完整、光洁、接触良好。

③ 压力弹簧和反作用力弹簧应具有足够的弹力。

④ 操纵、复位机构都必须灵活可靠。

⑤ 各种衔铁运动灵活，无卡阻现象。

⑥ 灭弧罩完整、清洁，安装牢固。

⑦ 整定大小应符合电路使用要求。

⑧ 指示装置能正常发出信号。

2. 机床日常维护和保养

机床在运行过程中出现的故障，有些可能是由于操作使用不当、安装不合理或维修不正确等人为因素造成的，称为人为故障；而有些故障则可能是由于机床在运行时过载、机械振动、电弧的烧损、长期动作的自然磨损、周围环境温度和湿度的影响、金属屑和油污等有害介质的侵蚀以及电器元件的自身质量问题或是使用寿命等原因而产生的，称为自然故障。如果加强对机床的日常检查、维修和保养，及时发现一些非正常因素，并给予及时的修复或更换处理，就可以将故障消灭在萌芽状态，防患于未然，使机床少出甚至不出故障，以保护设备的正常运行。

机床的日常维护保养包括电动机和控制设备的日常维护保养。

（1）电动机的日常维护保养

1）电动机应保持表面清洁，进、出风口必须保持畅通无阻，不允许水滴、油污或金属屑等任何异物掉入电动机内部。

2）经常检查运行中的电动机负载电流是否正常，用钳形电流表查看三相电流是否平衡，三相电流中的任何一相与其三相平均值相差，空载时不允许超过10%，满载时不允许超过3%。

3）对工作在正常环境条件下的电动机应定期用绝缘电阻表检查其绝缘电阻；对工作在潮湿、多尘及含有腐蚀性气体等环境条件下的电动机，更应经常检查其绝缘电阻。根据国标GB 755—2008和GB 14711—2013规定：在热状态时，绝缘电阻（单位为MΩ）应大于或等于1/1000×额定电压（单位为V）；在常温状态时，低压电机应≥5MΩ，高压电机应≥50MΩ。若发现电动机的绝缘电阻达不到规定要求时，应采取相应措施处理，使其符合规定要求，方可继续使用。

4）经常检查电动机的接地装置，使之保持牢固可靠。

5）经常检查电源电压是否与铭牌相符，三相电源电压是否对称。

6）经常检测电动机的温升是否正常。

7）经常检查电动机的振动、噪声是否正常，有无异常气味、冒烟等现象。一旦发现，应立即停车检修。

8）经常检查电动机轴承是否有过热、润滑脂不足或磨损等现象，轴承的振动和转向位移不得超过规定值。应定期清洗检查，定期补充或者更换轴承润滑脂（一般一年左右更换一次）。

9）对绕线转子电动机，应检查电刷与集电环接触面，并校正电刷弹簧压力。一般电刷与集电环的接触面的面积不应小于全面积的75%；电刷压强应为15000~25000Pa；刷握和集电环间应有2~4mm间距；电刷与刷握内壁应保持0.1~0.2mm游隙；磨损严重者需更换。

10）对直流电动机，应检查换向器表面是否光滑圆整，有无机械操作或火花灼伤。若沾有炭粉、油污等杂物，要用干净柔软的白布蘸酒精擦去。换向器在负荷长期运行后，其表面会产生一层均匀的深褐色氧化膜，这层薄膜具有保护换向器的功效，切忌用砂布磨去。但当换向器表面出现明显的灼痕或因火花烧损出现凹凸不平的现象时，则需要对其表面用零号砂布进行细心的研磨或用车床重新车光，而后再将换向器片间的云母下刻 1~1.5mm 深，并将表面的毛刺、杂物清理干净后，方能重装配使用。

11）检查机械传动装置是否正常，联轴器、带轮或传动齿轮是否跳动。

12）检查电动机的引出线是否绝缘良好、连接可靠。

（2）控制设备的日常维护保养

1）电气柜的门、盖、锁及门框周边的耐油密封垫均应良好。门、盖应关闭严密，柜内应保持清洁，不得有水滴、油污和金属屑等进入电气柜内，以免损坏电器造成事故。

2）操纵台上的所有操纵按钮、主令开关的手柄、信号灯及仪表护罩都应保持清洁完好。

3）检查接触器、继电器等电器的触头系统是否良好，有无噪声、卡住或迟滞现象。

4）检查试验位置开关能否起位置保护作用。

5）检查各电器的操作机构是否灵活可靠，有关整定值是否符合要求。

6）检查各线路接头与端子板的连接是否可靠，各部件间的连接导线、电缆或保护导线的软管不得被冷却液、油污等腐蚀，管接头处不得产生脱落或散头等现象。

7）检查电气柜及导线通道的散热情况是否良好。

8）检查各类指示信号装置和照明装置是否完好。

9）检查机床和机械上所有裸露导体件是否接到保护接地专用端子上，是否达到了保护电路连续性的要求。

（3）机床的维修保养周期　对设置在电气柜内的电器元件，一般不经常进行开门监护，主要是靠定期的维护保养来实现机床较长时间的安全稳定运行。其维护保养的周期应根据机床的结构、使用情况出现及环境条件等来确定，一般可采用配合工业机械的一、二级保养同时进行其机床的维护保养工作。

1）配合工业机械一级保养进行机床的维护保养工作。如金属切削机床的一级保养一般一季度左右进行一次，此时可对机床电气柜内的电器元件进行如下维护保养：

① 清扫电气柜内的积灰异物。

② 修复或更换即将损坏的电器元件。

③ 整理内部接线，使之整齐美观。特别是在平时应急修理处，应尽量复原成正规状态。

④ 紧固熔断器的可动部分，使之接触良好。

⑤ 紧固接线端子和电器元件上的压线螺钉，使所有压接线头牢固可靠，以减小接触电阻。

⑥ 对电动机进行小修和中维修检查。

⑦ 通电试车，使电器元件的动作程序正确可靠。

2）配合工业机械二级保养进行机床维护保养工作。如金属切削机床的二级保养一般一年左右进行一次，此时可对机床电气柜内的电器元件进行如下维护保养工作：

① 机床一级保养时，对机床电器所进行的各项维护保养工作，在二级保养时仍需要照例进行。

② 检修有明显噪声的接触器和继电器，找出原因并修复后方可继续使用，否则应更换

新器件。

③ 校验热继电器，看其是否能正常工作，校验结果应符合热继电器的动作特性。

④ 检验时间继电器，看其延时时间是否符合要求。如误差超过允许值，应调整或修理，使之重新达到要求。

3. 电气故障检修的一般方法

尽管对机床采取了日常维护保养工作，降低了电气故障的发生率，但绝不可能杜绝电气故障的发生。因此，维修电工不但要掌握机床的日常维护保养，同时还要学会正确的检修方法。下面介绍电气故障发生后的一般分析和检修方法。

(1) 检修前的故障调查　当工业机械发生电气故障后，切忌盲目随便动手检修。在检修前，通过问、看、听、摸来了解故障前后的操作情况和故障发生后出现的异常现象，以使根据故障现象判断出故障发生的部位，进而准确地排除故障。

问：询问操作者故障前后电路和设备的运行状况及故障发生后的症状，如故障是经常发生还是偶尔发生；是否有响声、冒烟、火花、异常振动等征兆；故障发生前有无切削力过大和频繁地起动、停止、制动等情况；有无经过保养检修或改动线路等。

看：察看故障发生前是否有明显的征兆，如各种信号异常、有指示装置的熔断器熔断、保护电器脱扣运作、接线脱落、触头烧蚀或熔焊、线圈过热烧毁等。

听：在线路还能运行和不扩大故障范围、不损坏设备的前提下，可通电试车，细听电动机、接触器和继电器等电器的声音是否正常。

摸：在刚切断电源后，触摸检查电动机、变压器、电磁线圈及熔断器，看是否有过热现象。

(2) 用逻辑分析法确定并缩小故障范围　检修简单的电气控制线路时，对每个电器元件、每根导线逐一进行检查，一般能很快找到故障点。但对复杂的电路而言，往往有上百个电器元件、成千条连线，若取逐一检查的方法，不仅需要大量的时间，而且也容易漏查。在这种情况下，若根据电路图，采用逻辑分析法，对故障现象做具体分析，找出可疑范围，提高维修的针对性，就可以收到准而快的效果。分析电路时，通常先从主电路入手，了解工业机械各运动部件和机构采用了几台电动机拖动，与每台电动机相关的电器元件有哪些，采用了何种控制，然后根据电动机主电路的用电器元件的文字符号、图区号及控制要求，找到相应的控制电路。在此基础上，结合故障现象和线路工作原理，进行认真分析排查，即可迅速判定故障发生的可能范围。

当故障的可疑范围较大时，不必按部就班地逐级进行检查，这时可在故障范围内的中间环节进行检查，来判断故障空间是发生在哪一部分，从而缩小故障范围，提高检修速度。

(3) 对故障范围进行外观检查　在确定了故障发生的可能范围后，可对范围内的电器元件及连接导线进行外观检查，例如：熔断器的熔体熔断，导线接头松动或脱落，接触器和继电器的触头脱落或接触不良、线圈烧坏使表层绝缘纸烧焦变色、烧入的绝缘清漆流出，弹簧脱落或断裂，电气开关的运作机械受阻失灵等，都能明显地表明故障点所在。

(4) 用试验法进一步缩小故障范围　经外观检查未发现故障点，可根据故障现象，结合电路图分析故障原因，在不扩大故障范围、不损伤电气和机械设备的前提下，进行直接通电试验，或除去负载通电试验，以分清楚故障可能是在电气部分还是机械等其他部分；是在电动机上还是在控制设备上；是在主电路上还是在控制电路上。一般情况下先检查控制电路，具体做法是：操作某一按钮或开关时，线路中有关的接触器、继电器将按规定的运作顺序进行工作。若依次运作到某一电器元件时，发现运作不符合要求，即说明电器元件或其相关电路有问题。再在此电路中进行逐项分析和检查，一般便可发现故障。待控制电路的故障排除恢复正常后，再接通主电路，检查控制电路对主电路的控制效果，观察主电路的工作情况有无异常等。

在通电试验时，必须注意人身和设备的安全。要遵守安全操作规程，不得随意触动带电部部分，要尽可能切断电动机主电路电源，只在控制电路带电的情况下进行检查；如需电动机运转，则应使电动机空载下运行，并预先充分估计到局部线路运作后可能发生的不良后果。

（5）用测量法确定故障点　测量法是维修电工工作中用来准确确定故障点的一种行之有效的检查方法。常用的测量工具和仪表有校验灯、验电笔、万用表、钳形电流表、绝缘电阻表等，主要通过对电路进行带电或断电时的有关参数（如电压、电阻、电流等）的测量，来判断电器元件的好坏、设备的绝缘情况以及线路的通断情况。随着科学技术的发展，测量手段也在不断更新。例如，在晶闸管—电动机自动调整系统中，利用示波器来观察晶闸管整流装置的输出波形、触发电路的脉冲波形，就能很快地判断系统的故障所在。

在用测量法检查故障点时，一定要保证各种测量工具和仪表完好、使用方法正确，还要注意感应电、回路电压及其他并联支路的影响，以免产生误判断。

下面再介绍几种常用的测量方法。

1）电压分段测量法　首先把万用表的转换开关置于交流电压500V的档位上，然后按如下方法进行测量。

先用万用表测量如图1-9所示0-1两点间的电压，若为380V，则说明电源电压正常。然后一人按下起动按钮SB2，若接触器KM1不吸合，则说明电路有故障。这时另一人可用万用表的红、黑两支表笔逐段测量相邻两点1-2、2-3、3-4、4-5、5-6、6-0之间的电压，根据其测量结果即可找出故障点。见表1-1。

表1-1　电压分段测量法

故障现象	测试状态	1-2	2-3	3-4	4-5	5-6	6-0	故障点
按下SB2，KM1不吸合	按下SB2不放	380V	0	0	0	0	0	FR常闭触头接触不良或误动作
		0	380V	0	0	0	0	SB1常闭触头接触不良
		0	0	380V	0	0	0	SB2常开触头接触不良
		0	0	0	380V	0	0	KM2常闭触头接触不良
		0	0	0	0	380V	0	SQ常闭触头接触不良
		0	0	0	0	0	380V	KM1线圈断路

2）电阻分段测量法。测量检查时，首先切断电源，然后把万用表的转换开关置于倍率适当的电阻档，并逐段测量如图1-10所示的相邻两点1-2、2-3、3-4（测量时由一人按下SB2）、4-5、5-6、6-0之间的电阻。如果测得两点间的电阻值很大，即说明该两点间接触不良或导线断路。见表1-2。

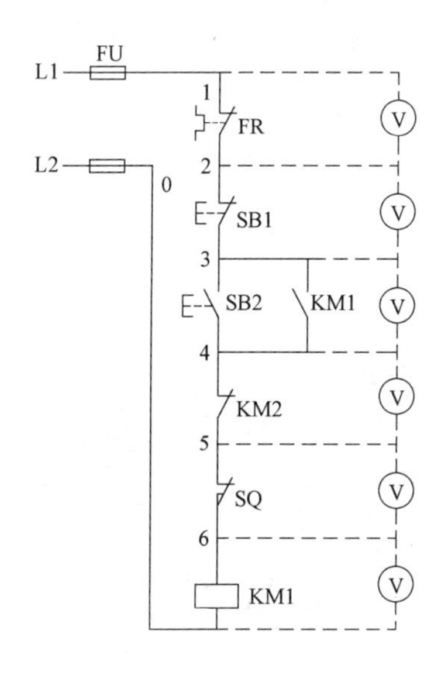

图 1-9　电压分段测量法

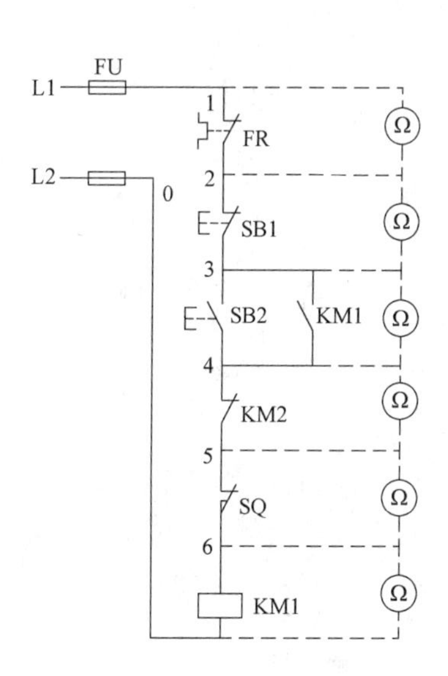

图 1-10　电阻分段测量法

表 1-2　电阻分段测量法

故障现象	测量点	电阻值	故障点
按下 SB2,KM1 不吸合	1-2	无穷大	FR 常闭触头接触不良或误动作
	2-3	无穷大	SB1 常闭触头接触不良
	3-4	无穷大	SB2 常开触头接触不良
	4-5	无穷大	KM2 常闭触头接触不良
	5-6	无穷大	SQ 常闭触头接触不良
	6-0	无穷大	KM1 线圈断路

电阻分段测量法的优点是安全，缺点是测量电阻值不准确时，易造成判断错误，为此应注意以下几点：

① 用电阻分段测量法检查故障时，一定要先切断电源。

② 所测量电路若与其他电路并联，必须将该电路与其他电路断开，否则所测电阻值不准确。

③ 测量高电阻元件时，要将万用表的电阻档转换到适当档位。

3）短接法　机床机床的常见故障为断路故障，如导线断路、虚连、虚焊、触头接触不良、熔断器熔断等。对这类故障，除用电压法和电阻法检查外，还有一种更为简便可靠的方法，就是短接法。检查时，用一根绝缘良好的导线，将所怀疑的断路部位短接，若短接到某处电路接通，则说明该处断路。

① 局部短接法：检查前，先用万用表测量如图 1-11 所示 1-0 两点间的电压，若电压正常，可一人按下起动按钮 SB2 不放，然后另一个人用一根绝缘良好的导线，分别短接标号相邻的两点 1-2、2-3、3-4、4-5、5-6（注意不要短接 6-0 两点，否则造成短路），当短接某两点时，接触器 KM1 吸合，即说明断路故障就在该两点之间，见表 1-3。

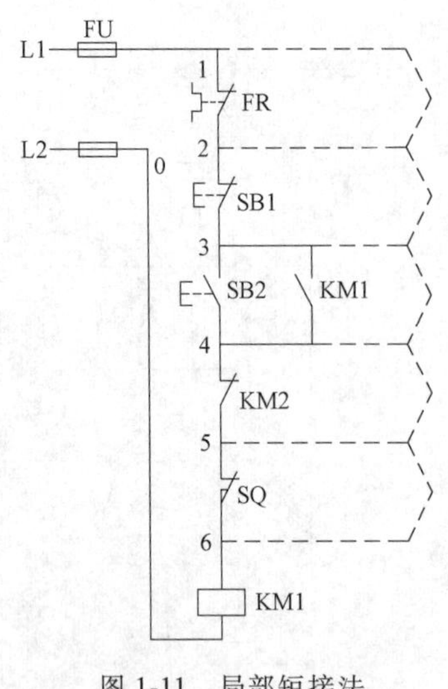

图 1-11　局部短接法

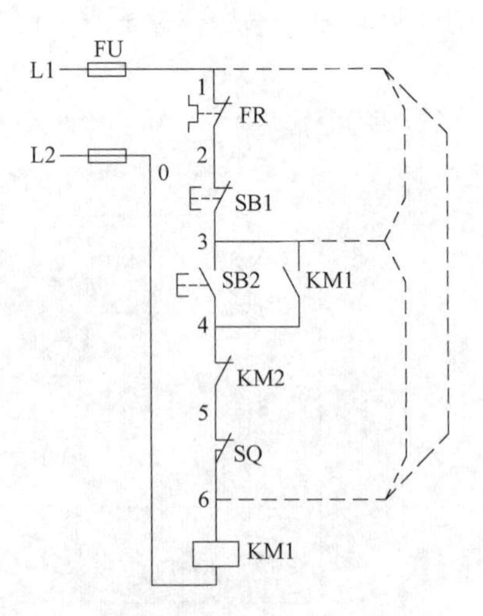

图 1-12　长短接法

表 1-3　局部短接法

故障现象	短接点标号	KM1 动作	故障点
按下 SB2,KM1 不吸合	1-2	吸合	FR 常闭触头接触不良或误动作
	2-3	吸合	SB1 常闭触头接触不良
	3-4	吸合	SB2 常开触头接触不良
	4-5	吸合	KM2 常闭触头接触不良
	5-6	吸合	SQ 常闭触头接触不良

② 长短接法：长短接法是指一次短接两个或多个触头来检查故障的方法。当 FR 的常闭触头和 KM2 的常闭触头同时接触不良时，若用局部短接法短接，如图 1-12 所示中的 1-2 两点，按下 SB2，KM1 仍不能吸合，则可能造成判断错误；而用长短接法将 1-6 两点短接，如果 KM1 吸合，则说明 1-6 这段电路上有断路故障；然后再用局部短接法逐段找出故障点。

长短接法的另一个作用是可把故障点缩小到一个较小的范围。例如，第一次先短接 3-6 两点，KM1 不吸合，再短接 1-3 两点，KM1 吸合，说明故障在 1-3 范围内。可见，如果长短接法和局部短接法能结合使用，很快就可找出故障点。

用短接法检查故障时注意以下几点：

第一，短接法检测时，是用手拿绝缘导线操作的，所以一定要注意安全，避免触电事故。

第二，短接法只适用于压降极小的导线及触头之类的断路故障。对于压降较大的电阻、线圈等断路故障，不能采用短接法，否则会出现短路故障。

第三，对于工业机械的某些要害部位，必须保证机床或机械部件不会出现事故的情况下，才能使用短接法。

（6）检查是否存在机械、液压故障　在许多机床中，电器元件的运作是由机械、液压来推动的，或与它们有着紧密的联动关系，所以在检修电气故障的同时，应检查、调整和排除机械、液压部分的故障，或与机械维修工配合完成。

以上所述的检查分析机床故障的一般顺序和方法，应根据故障的性质和具体情况灵活选用，断电检查多采用电阻法，通电检查多采用电压法和电流法。各种方法可交叉使用，以便迅速、有效地找出故障点。

（7）修复及注意事项　当找出机床的故障点后，就要着手进行修复、试运行、记录等，然后交付使用，但必须注意以下事项：

1）在找出故障点和修复故障时，应注意不能把找出的故障点作为寻找故障的终点，还必须进一步分析查明产生故障的根本原因。

2）找出故障点后，一定要针对不同的故障情况和部位相应采取正确的修复方法，不要轻易采用更换电器元件和补线等方法，更不允许轻易改动线路或更换不同规格的电器元件，以防止产生人为事故。

3）在故障点的修理工作中，一般情况下应尽量做到复原。但是，有时为了恢复工业机械的正常运行，根据实际情况也允许采取一些适当的应急措施，但绝不可凑合行事。

4）电气故障修复完毕，需要通电试运时，应和操作者配合，避免出现新的故障。

5）每次排除故障后，应及时总结经验，并做好维修记录。记录的内容可包括：工业机械的型号、名称、编号，故障发生日期，故障现象，损坏的电器，故障原因，修复措施及修复后的运行情况等。

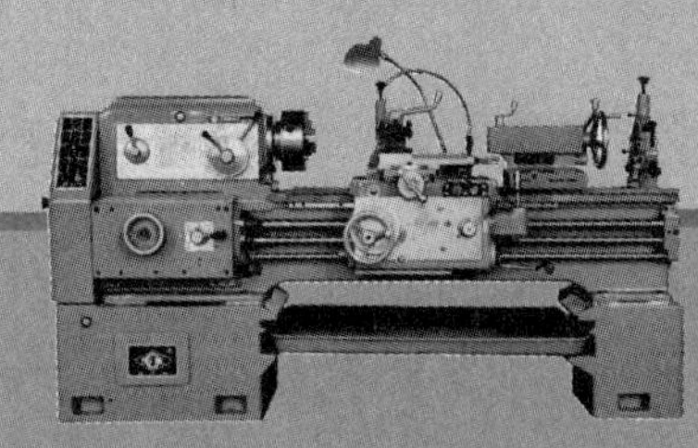

项目二 CA6140型卧式车床的电气调试及故障排除

【工作场景】

小方在职业学校学的是电气控制相关专业，明年即将毕业离校。今年他通过学校介绍，得到了进企业实习的机会。进厂第一天，技术人员首先给小方布置了一个任务，让他利用3天时间学习操作使用CA6140型卧式车床。图2-1所示为CA6140型卧式车床实物图。

图2-1 CA6140型卧式车床实物图

【学习目标】

1）了解CA6140型卧式车床的功能、结构和运动形式。

2）能正确熟练操作CA6140型卧式车床。

3）掌握CA6140型卧式车床电气控制系统的一般故障排除及排除后的调试方法。

4）培养学生安全操作、规范操作、文明生产的行为习惯。

任务一 认识CA6140型卧式车床

【任务描述】

小方与技术人员的简单沟通后还是无从下手，于是硬着头皮再去问该技术人员，技术人

员给他布置了第一个任务：了解 CA6140 型卧式车床的功能和结构。随后技术人员给小方一份该设备的说明书，强调他只需了解 CA6140 型卧式车床的功能、结构和运动形式就够了。

【任务目标】

1）了解 CA6140 型卧式车床的功能。

2）了解 CA6140 型卧式车床的结构。

3）了解 CA6140 型卧式车床的运动形式。

【使用材料、工具与方法】

本任务主要是通过自我学习的形式完成，根据任务的目标结合材料及工具，完成本任务的相关要求。材料及工具准备资料详见表 2-1。

表 2-1　使用的材料及工具清单

序号	材料及工具名称	数量	备注
1	CA6140 型卧式车床	1 台	
2	CA6140 型卧式车床的说明书	1 本	

【知识链接】

1. CA6140 型卧式车床的功能

车床是一种应用极为广泛的金属切削机床，能够车削外圆、内圆、端面、螺纹、螺杆以及车削定型表面等。卧式车床有两个主要的运动部分：一是卡盘或顶尖带动工件的旋转运动，也就是车床主轴的运动；另外一个是溜板，用它带动刀架进行直线运动，称为进给运动。车床工作时，绝大部分功率消耗在主轴运动上。CA6140 型车床为我国自行设计制造的卧式车床，与 C620-1 型车床比较，具有性能优越、结构先进、操作方便和外形美观等优点。

2. CA6140 型卧式车床的主要结构

该车床型号意义如下：

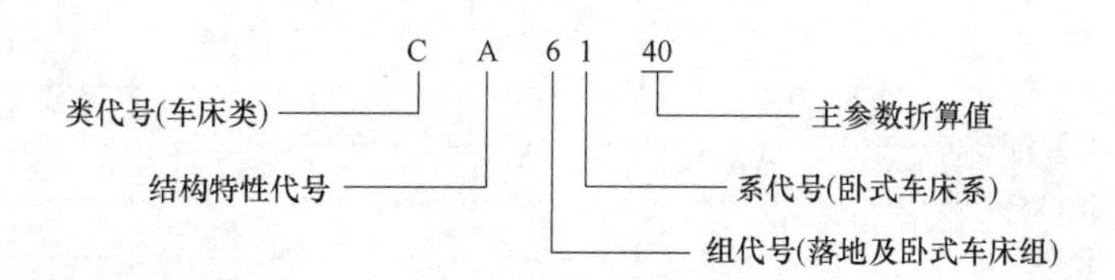

CA6140 型卧式车床的外形如图 2-2 所示。

CA6140 型卧式车床主要由床身、主轴箱、进给箱、溜板箱、刀架、丝杠、光杠和尾座等部分组成。

3. CA6140 型卧式车床的运动形式

车床的切削运动包括工件旋转的主运动和刀具的直线进给运动。车削速度是指工件与刀具接触点的相对速度。根据工件的材料性质、车刀材料、几何形状、工件直径、加工方式及冷却条件的不同，要求主轴有不同的切削速度。主轴变速是由主轴电动机经 V 带传递到主轴箱来实现的。CA6140 型卧式车床的主轴正转速度有 24 种（10～1400r/min），反转速度有

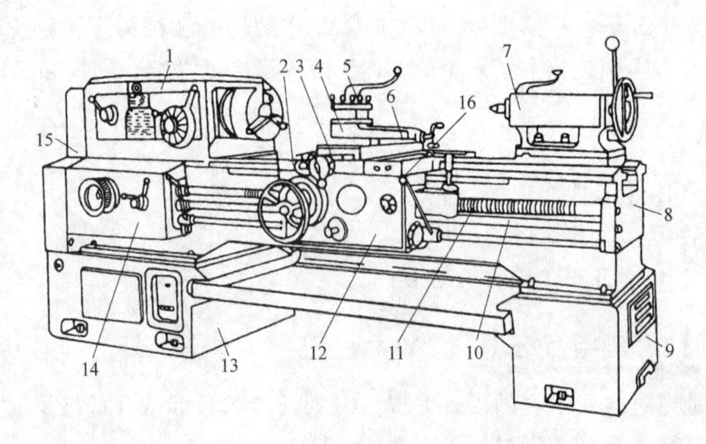

图 2-2　CA6140 型卧式车床外形图

1—主轴箱　2—纵溜板　3—横溜板　4—转盘　5—刀架　6—小溜板　7—尾座
8—床身　9—右床座　10—光杠　11—丝杠　12—溜板箱　13—左床座
14—进给箱　15—交换齿轮架　16—操纵手柄

12 种（14~1580r/min）。

车床的进给运动是刀架带动刀具的直线运动。溜板箱把丝杠或光杠的转动传递给刀架部分，变换溜板箱外的手柄位置经刀架部分使车刀做纵向或横向进给。

车床的辅助运动是指车床上除切削运动以外的其他一切必需的运动，如尾座的纵向移动、工件的夹紧与放松等。

【任务实施】

小方拿到 CA6140 型卧式车床的使用说明书后，先初步翻阅看了一下说明书的目录（见图 2-3），通过说明书可以学会很多关于该设备的知识，他对照设备的说明书开始了学习。

目　录

一、机床的主要用途 …… 1
二、机床的主要参数 …… 2
三、机床的搬运、安装和试车 …… 4
四、机床的传动系统 …… 6
五、机床的操纵系统 …… 13
六、机床的润滑系统 …… 14
七、机床电气原理及电气设备 …… 15
八、机床的保养及调整 …… 19
九、滚动轴承明细表及分布图 …… 24
十、车削精密螺纹时机床的调配及交换齿轮图 …… 26
十一、液压仿形系统 …… 30
十二、易损零件目录及图样 …… 36

图 2-3　CA6140 型卧式车床使用说明书目录

小方在翻阅和学习了该设备的使用说明书后，技术人员给他拿来了几道题目，让小方完成。

1. 请根据说明书的内容及前面所学，完成表2-2。

表2-2　图形文字说明表

文字符号	说明	文字符号	说明
C		6	
A		1	

2. 请写出CA6140型卧式车床的运动形式。

【任务评价】

本任务的评价主要参考任务实施中回答的题目来确定。

【任务拓展】

1. CA6140型卧式车床的发展历程

1953~1955年，作为国家156项重点建设工程之一，引进管理技术与前苏联机床制造技术，实施全面改建。改建后，工厂自行研制开发出中国第一台C620-1型卧式车床，年生产能力2800台。

1965年，沈阳机床一厂对半径为200mm的卧式车床进行重大改造。

1972年，生产研发出了中国第一台卧式车床CA6140。该产品性能可靠、结构先进、操作方便、质量稳定，多年来一直被大中专院校当作典型机床纳入教学内容。1984年，该型号产品成为了国内机床行业中唯一获得国家质量银牌奖项的卧式车床。

1974年，沈阳机床一厂卧式车床CA6140系列换型成功。

2003年，沈阳机床一厂对原卧式车床CA6140进行改进，首创主轴转速到达1600r/min的卧式车床——CA6140A。

2. 车床的分类

按用途和结构的不同，车床主要分为卧式车床和落地车床、立式车床、转塔车床、单轴自动车床、多轴自动和半自动车床、仿形车床、多刀车床和各种专门化车床，如凸轮轴车床、曲轴车床、车轮车床、铲齿车床。在所有车床中，以卧式车床应用最为广泛。卧式车床加工尺寸公差等级可达IT8~IT7，表面粗糙度 R_a 值可达1.6μm。

卧式车床的加工对象广，主轴转速和进给量的调整范围大，能加工工件的内外表面、端面和内外螺纹。这类车床主要由工人手工操作，生产效率低，适用于单件、小批生产和修配车间。

转塔车床和回转车床具有能装多把刀具的转塔刀架或回轮刀架，能在工件的一次装夹中由工人依次使用不同刀具完成多种工序，适用于成批生产。

自动车床能按一定程序自动完成中小型工件的多工序加工，能自动上下料，重复加工一批同样的工件，适用于大批量生产。

多刀半自动车床有单轴、多轴、卧式和立式之分。单轴卧式的布局形式与卧式车床相似，但两组刀架分别装在主轴的前后或上下，用于加工盘、环和轴类工件，其生产效率比卧式车床提高3~5倍。

仿形车床能仿照样板或样件的形状、尺寸，自动完成工件的加工循环，适用于形状较复杂的工件的小批和成批生产，生产效率比卧式车床高 10~15 倍，有多刀架、多轴、卡盘式、立式等类型。

立式车床的主轴垂直于水平面，工件装夹在水平的回转工作台上，刀架在横梁或立柱上移动，适用于加工较大、较重、难于在卧式车床上安装的工件，一般分为单柱和双柱两大类。

铲齿车床在车削的同时，刀架周期性地做径向往复运动，用于加工铲车铣刀、滚刀等的成形齿面。这种车床通常带有铲磨附件，由单独电动机驱动的小砂轮铲磨齿面。

专门车床是用于加工某类工件的特定表面的车床，如曲轴车床、凸轮轴车床、车轮车床、车轴车床、轧辊车床和钢锭车床等。

联合车床主要用于车削加工，但附加一些特殊部件和附件后，还可进行镗、铣、钻、插、磨等加工，具有“一机多能”的特点，适用于工程车、船舶或移动修理站上的修配工作。

【思考与练习】

1. 请简述 CA6140 型卧式车床的主要结构。
2. 想一想：CA6140 型卧式车床应该怎样进行操作？

任务二 操作 CA6140 型卧式车床

【任务描述】

小方了解了 CA6140 型卧式车床知识后，技术人员给他布置了第二个任务：操作 CA6140 型卧式车床。技术人员还特意提醒，在操作 CA6140 型卧式车床时要特别注意人身安全与设备安全。

【任务目标】

1）能正确操作 CA6140 型卧式车床。
2）熟练掌握 CA6140 型卧式车床的工作原理及工作过程。
3）培养学生安全操作、规范操作、文明生产的行为习惯。

【使用材料、工具与方法】

本任务主要通过自我学习和现场操作，结合材料及工具，完成本任务的相关要求。材料及工具详见表 2-3。

表 2-3 使用的材料及工具清单

序号	材料及工具名称	数量	备注
1	CA6140 型卧式车床	1 台	
2	CA6140 型卧式车床的说明书	1 本	
3	大小螺钉旋具(一字、十字)	各 1 把	
4	安全防护(工作服及手套等)	1 套	

【知识链接】

CA6140 型卧式车床电气控制原理如图 2-4 所示。它分为主电路、控制电路和照明与信号电路三部分。

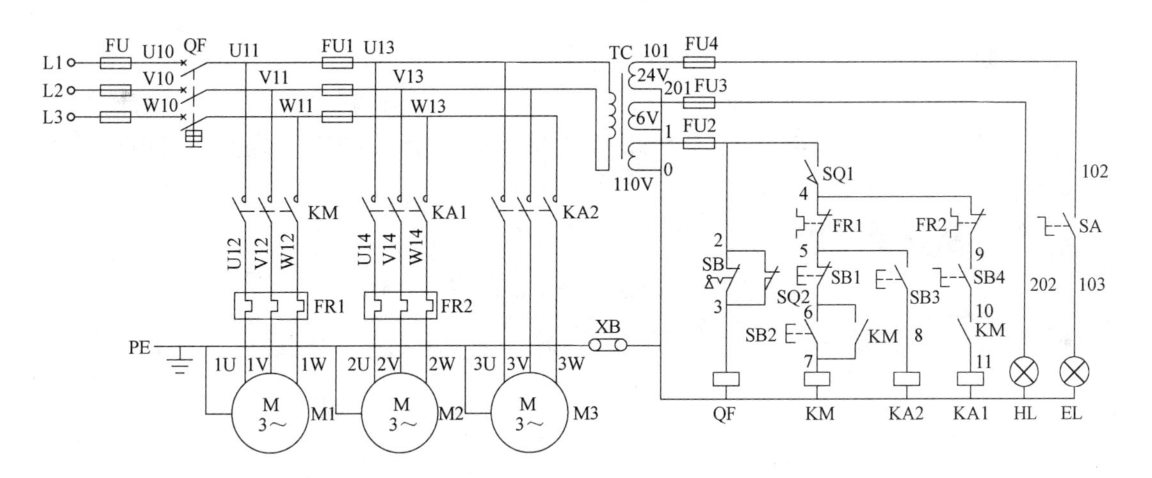

图 2-4　CA6140 型卧式车床电气控制原理图

1. 主电路分析

主电路共有 3 台电动机：M1 为主轴电动机，带动主轴旋转和刀架做进给运动；M2 为冷却泵电动机，用以输送切削液；M3 为刀架快速移动电动机。

主轴电动机 M1 由接触器 KM 控制，热继电器 FR1 作为过载保护，熔断器 FU 作为短路保护，接触器 KM 作为失电压和欠电压保护。

冷却泵电动机 M2 由中间继电器 KA1 控制，热继电器 FR2 作为它的过载保护。

刀架快速移动电动机 M3 由中间继电器 KA2 控制，由于是点动控制，故未设过载保护。

FU1 作为冷却泵电动机 M2、快速移动电动机 M3、控制变压器 TC 的短路保护。

2. 控制电路分析

控制电路的电源由控制变压器 TC 二次侧输出 110V 电压提供。在正常工作时，位置开关 SQ1 的常开触头闭合。打开床头带罩后，SQ1 断开，切断控制电路电源，以确保人身安全。钥匙开关 SB 和位置开关 SQ2 在正常工作时是断开的，QF 线圈不通电，断路器 QF 能合闸。打开配电盘壁龛门时，SQ2 闭合，QF 线圈得电，断路器 QF 自动断开。

(1) 主轴电动机 M1 的控制

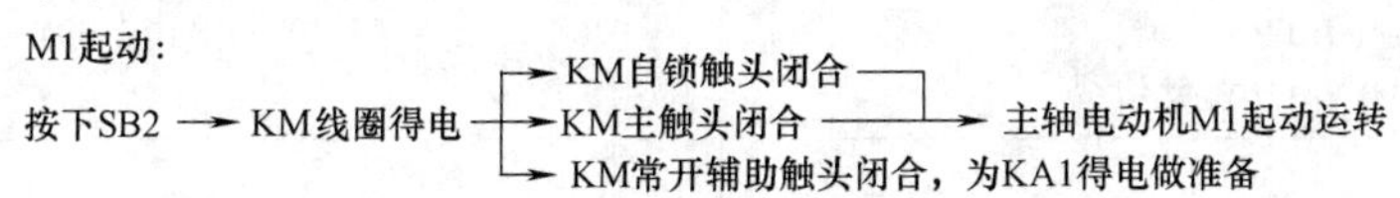

M1停止:
按下SB1 → KM线圈失电 → KM触头复位断开 → M1失电停转

主轴的正、反转是通过多片离合器实现的。

(2) 冷却泵电动机 M2 的控制　由于主轴电动机 M1 和冷却泵电动机 M2 在控制电路中采用顺序控制，所以，只有当主轴电动机 M1 起动后，即 KM 常开触头闭合，并合上旋钮开关SB4，冷却泵电动机M2才可能起动。当M1停止运行时，M2自行停止。

（3）刀架快速移动电动机M3的控制　刀架快速移动电动机M3的起动是由安装在进给操作手柄顶端的按钮SB3控制，它与中间继电器KA2组成点动控制电路。刀架移动方向（前、后、左、右）的改变，是由进给操作手柄配合机械装置实现的。如需要快速移动，按下SB3即可。

3. 照明、信号电路分析

控制变压器TC的二次侧输出的24V和6V电压，作为车床低压照明灯和信号灯的电源。EL为车床的低压照明灯，由开关SA控制；HL为电源信号灯。它们分别由FU4和FU3作短路保护。

CA6140型卧式车床的电气元器件明细表见表2-4。

表2-4　CA6140型卧式车床的电气元器件明细表

代号	名称	型号及规格	数量	用途	备注
M1	主轴电动机	Y132M—4—B3，7.5kW，1450r/min	1台	主传动用	
M2	冷却泵电动机	AOB—25，90W，3000r/min	1台	输送切削液用	
M3	快速移动电动机	AOS5634，250W，1360r/min	1台	溜板快速移动用	
FR1	热继电器	JR16—20/3D，15.4A	1个	M1的过载保护	
FR2	热继电器	JR16—20/3D，0.32A	1个	M2的过载保护	
KM	交流接触器	CJ0—20B，线圈电压110V	1个	控制M1	
KA1	中间继电器	JZ7—44，线圈电压110V	1个	控制M2	
KA2	中间继电器	JZ7—44，线圈电压110V	1个	控制M3	
SB1	按钮	LAY3—01ZS/1	1个	停止M1	
SB2	按钮	LAY3—10/3.11	1个	起动M1	
SB3	按钮	LA9	1个	起动M3	
SB4	旋转开关	LAY3—10X/2	1个	控制M2	
SQ1、SQ2	位置开关	JWM6—11	2个	断电保护	
HL	信号灯	ZSD—0，6V	1个	刻度照明	无灯罩
QF	断路器	AM2—40，20A	1个	电源引入	
TC	控制变压器	JBK2—100，380V/110V/24V/6V	1台	电压转换	110V、50V·A，24V、45V·A
EL	机床照明灯	JC11	1个	工作照明	
SB	旋钮开关	LAY3—01Y/2	1个	电源开关锁	带钥匙
FU1	熔断器	BZ001，熔体6A	3个		
FU2	熔断器	BZ001，熔体1A	1个	110V控制电路短路保护	
FU3	熔断器	BZ001，熔体1A	1个	信号灯电路短路保护	
FU4	熔断器	BZ001，熔体2A	1个	照明电路短路保护	

【任务实施】

CA6140 型卧式车床操作部位示意图如图 2-5 所示。

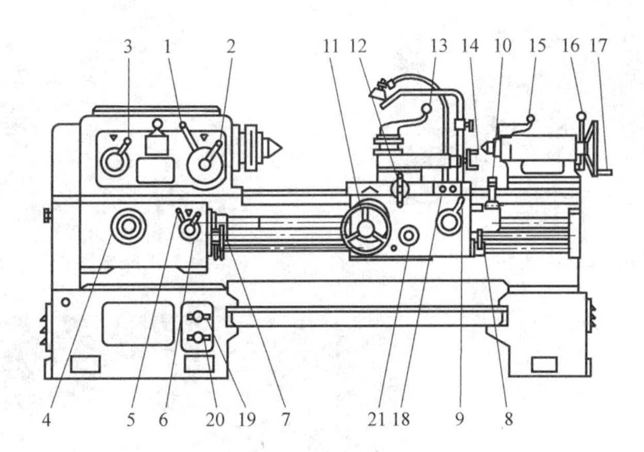

图 2-5　CA6140 型卧式车床操作部位示意图

1、2—主轴变速手柄　3—加大螺距及左右螺纹变换手柄　4、5、6—螺距及进给量调整手柄、丝杠光杠变换手柄　7、8—主轴正反转操纵手柄　9—开合螺母操纵手柄　10—刀架纵横向自动进给手柄及快速移动按钮　11—床鞍纵向移动手轮　12—下刀架横向移动手柄　13—方刀架转位、固定手柄　14—上刀架移动手柄　15—床尾顶尖套筒固定手柄　16—床尾快速紧固手柄　17—床尾顶尖套筒移动手轮　18—主电动机控制按钮　19—电源总开关　20—冷却泵开关　21—手拉油泵手柄

操作 CA6140 型卧式车床的要点如下：

1）将钥匙开关 SB 向右旋转，再扳动断路器 QF 将三相电源引入，如图 2-6 所示。

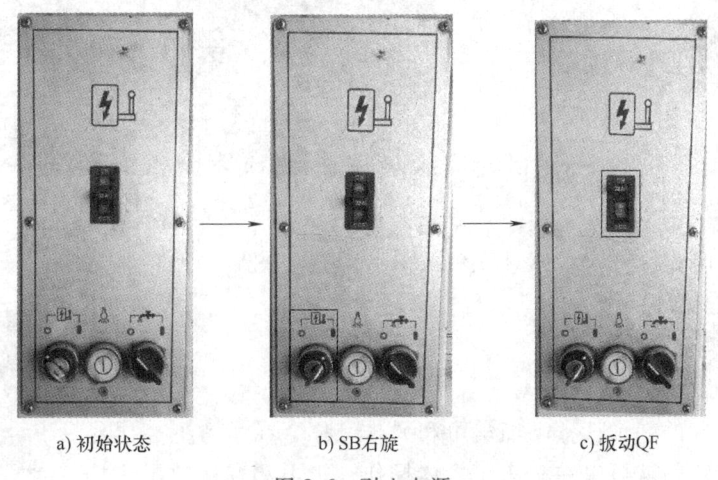

a) 初始状态　　b) SB右旋　　c) 扳动QF

图 2-6　引入电源

2）按下绿色起动按钮 SB2 起动主轴电动机，红色按钮 SB1 为主轴电动机急停按钮，如图 2-7 所示。

3）主轴的正反转是通过多片离合器实现的。向上扳为反转，向下扳为正转，中间为待机状态，如图 2-8 所示。

4）主轴处于正传或反转状态时，拨动 SB4，起动 M2 冷却泵电动机，如图 2-9 所示。

5）刀架移动方向（前、后、左、右）的改变，是由进给操作手柄配合机械装置实现的。如需要快速移动，选择方向后按下 SB3 即可，如图 2-10 所示。

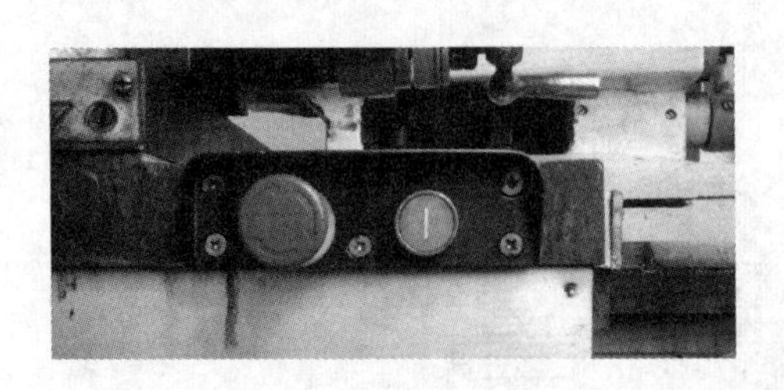

图 2-7　起动和急停按钮

图 2-8　摩擦离合器

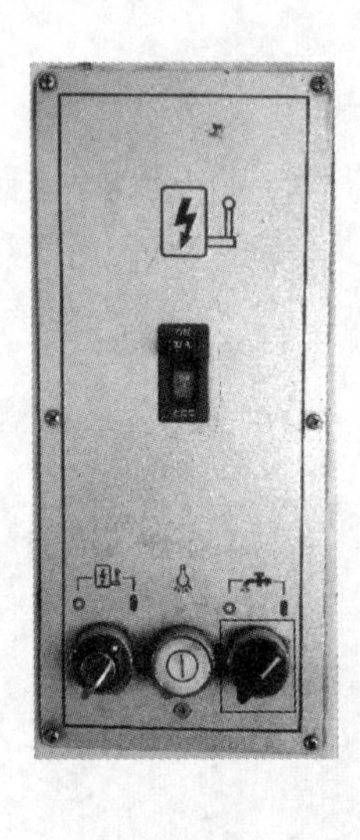

图 2-9　拨动 SB4

图 2-10　刀架移动方向改变

6）低压照明灯由开关 SA 控制，即中间按钮 SA，如图 2-11 所示。

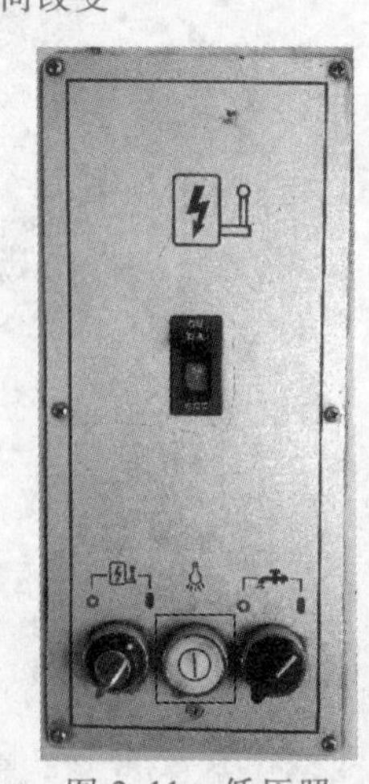

图 2-11　低压照明开关 SA

【任务评价】

至此，任务二的基本任务已经学习和操作完毕，在学习上述操作知识的基础上，我们就可以在车床上具体操作。学习和操作效果可按照表 2-5 进行测试。

【任务拓展】

1．金属切削机床的分类

金属切削机床（简称机床）的品种和规格繁多，对它们进行分类并编制型号，可以方便地进行区别、使用和管理。

表 2-5　操作车床评价表

姓名		开始时间			
班级		结束时间			
项目内容	评分标准		扣分	自评	互评
起动设备前是否做好准备工作					
能否正常起动 CA6140 型卧式车床					
能否操作工作台					
是否具有安全操作意识					
教师点评		成绩(教师)			

机床按照使用上的多用性程度，可以分为通用机床、专用机床、机床自动线。其中，通用机床加工范围较广，在这类机床上可以进行多种零件的不同工序加工。例如，卧式车床、卧式镗床、铣床等，都属于通用机床。专用机床是用来加工某一种（或几种）零件的特定工序的机床，如组合机床、机床主轴箱的专用镗床等。机床自动线则由通用机床或专用机床组成。

通用机床按工作原理分为 11 类，包括车床、钻床、镗床、磨床、齿轮加工机床、螺纹加工机床、铣床、刨插床、拉床、锯床和其他机床，必要时，每类机床又可分为若干类型。通用机床的类别及分类代号见表 2-6（摘自 GB/T 15375—2008《金属切削机床型号编制方法》）。

机床还可以按照自动化程度的不同，分为手动、机动、半自动和自动机床。

除上述基本分类方法外，还可以按照加工精度、主轴数目以及机床重量等进行分类，而且随着机床的不断发展，其分类方法也将不断改变。

表 2-6　通用机床的分类及分类代号

类别	车床	钻床	镗床	磨床			齿轮加工机床	螺纹加工机床	铣床	刨插床	拉床	锯床	其他机床
代号	C	Z	T	M	2M	3M	Y	S	X	B	L	G	Q
读音	车	钻	镗	磨	二磨	三磨	牙	丝	铣	刨	拉	割	其

2. 通用机床型号

（1）机床型号表示方法　我国的金属切削机床型号是按 2009 年实施的 GB/T 15375—2008《金属切削机床型号编制方法》编制的。此标准规定，机床型号由汉语拼音字母和阿拉伯数字按一定格式组合而成，它适用于各类通用机床、专用机床和机床自动线（不含组合机床和特种加工机床）。

通用金属切削机床型号表示方法及含义如下：

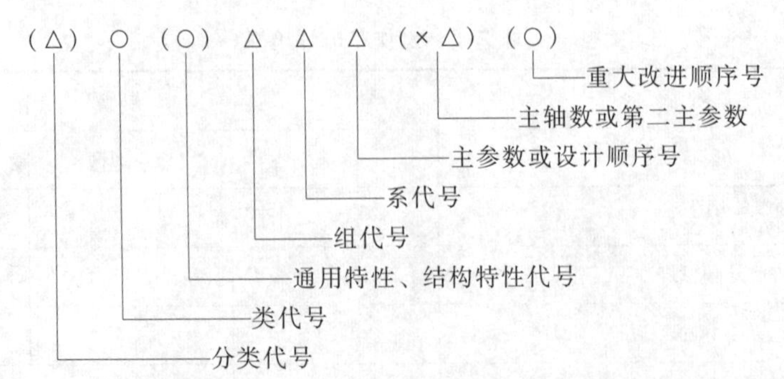

其中，有“（）”的代号或数字，当无内容时，则不表示，若有内容则不带括号；有“○”符号者，为大写的汉语拼音字母；有“△”符号者，为阿拉伯数字。

（2）机床的类、组、系的划分及其代号　位于型号首位的是金属切削机床的类，类代号用汉语拼音字母表示（见表2-2），如车床用C表示。如果类中还有分类，那么在类代号前加阿拉伯数字表示分类代号，其中第一分类代号数字“1”省略，例如，磨床类分为M、2M、3M三个分类。

机床的组代号和系代号用两位阿拉伯数字表示，前面的数字表示组代号，后面的数字表示系代号。每类机床按主要布局及使用范围划分为10个组，用数字0~9表示，每组机床按其主参数、主要结构及布局形式又分为若干个系。机床类、组划分详见表2-7。

表2-7　机床类、组划分表

类别＼组	0	1	2	3	4	5	6	7	8	9
车床C	仪表车床	单轴自动车床	多轴自动、半自动车床	回轮、转塔车床	曲轴及凸轮轴车床	立式车床	落地及卧式车床	仿形及多刀车床	轮、轴、辊、锭及铲齿车床	其他车床
钻床Z		坐标镗钻床	深孔钻床	摇臂钻床	台式钻床	立式钻床	卧式钻床	铣钻床	中心孔钻床	其他钻床
镗床T			深孔镗床		坐标镗床	立式镗床	卧式铣镗床	精镗床	汽车拖拉机修理用镗床	其他镗床
磨床 M	仪表磨床	外圆磨床	内圆磨床	砂轮机	坐标磨床	导轨磨床	刀具刃磨床	平面及端面磨床	曲轴、凸轮轴、花键轴及轧辊磨床	
磨床 2M		超精机	内圆珩磨机	外圆及其他珩磨机	抛光机	砂带抛光及磨削机床	刀具刃磨及研磨机床	可转位刀片磨削机床	研磨机	
磨床 3M		球轴承套圈沟道磨床	滚子轴承套圈滚道磨床	轴承套圈超精机		叶片磨削机床	滚子加工机床	钢球加工机床	气门活塞及活塞环磨削机床	

（续）

类别 \ 组	0	1	2	3	4	5	6	7	8	9
齿轮加工机床 Y	仪表齿轮加工机		锥齿轮加工机	滚齿及铣齿机	剃齿及珩齿机	插齿机	花键轴铣床	齿轮磨齿机	其他齿轮加工机	
螺纹加工机床 S				套丝机	攻丝机		螺纹铣床	螺纹磨床	螺纹车床	
铣床 X	仪表铣床	悬臂及滑枕铣床	龙门铣床	平面铣床	仿形铣床	立式升降台铣床	卧式升降台铣床	床身铣床	工具铣床	
刨插床 B		悬臂刨床	龙门刨			插床	牛头刨床		边缘及模具刨床	
拉床 L			侧拉床	卧式拉床	连续拉床	立式内拉床	卧式内拉床	立式外拉床	键槽、轴瓦及螺纹拉床	
锯床 G			砂轮片锯床		卧式带锯床	立式带锯床	圆锯床	弓锯床	锉锯床	
其他机床 Q	其他仪表机床	管子加工机床	木螺钉加工机床		刻线机	切断机				

(3) 机床的通用特性代号及结构特性代号　当某类型机床除普通型外，还有某种通用特性时，要在类代号之后加通用特性代号表示区别。通用特性代号用汉语拼音字母表示，在各类机床中所表示的意义相同。机床的通用特性代号见表 2-8。

表 2-8　机床通用特性代号

通用特性	高精度	精密	自动	半自动	数控	加工中心(自动换刀)	仿形	轻型	加重型	简式或经济型	柔性加工单元	数显	高速
代号	G	M	Z	B	K	H	F	Q	C	J	R	X	S
读音	高	密	自	半	控	换	仿	轻	重	简	柔	显	速

为了区别主参数相同而结构、性能不同的机床，在型号中用结构特性代号表示。结构特性代号用汉语拼音字母表示，它是根据各类机床的情况分别规定的，在型号中没有统一的含义。当型号中有通用特性代号时，结构特性代号排在通用特性代号之后。

(4) 机床主参数或设计顺序号、主轴数或第二主参数　机床的主参数位于系代号之后。主参数的计量单位有统一规定，尺寸为 mm，力为 kN，功率为 W。型号中主参数用折算值表示。当无法用一个主参数表示时，则在型号中用设计顺序号表示。

对于多轴机床，其主轴数应以实际数值列入型号。

第二主参数一般是指最大跨距、最大工件长度、最大车削（磨削、刨削）长度、最大模数及工作台面长度等。在型号中一般不予表示，如有特殊情况，也用折算值表示。

(5) 机床的重大改进顺序号　对于性能和结构布局有着重大改进、并按新产品重新设计、试制和鉴定的机床，应在原机床型号尾部加改进顺序号，与原机床型号区别开。改进顺序号按 A，B，C，…英文字母的顺序选用，但“I”“O”字母不允许选用。

例如：型号为 CA6140 的机床含义为：

C——表示车床；

A——表示通用特性、结构特性代号；

6——组代号，表示落地及卧式；

1——系代号；

40——机床主参数代号的 1/10（床身最大工件回转直径为 400mm）。

3. 金属切削机床的技术性能与含义

机床的技术性能是关于机床产品质量、加工范围、生产能力及经济性能的技术经济指标，包括工艺范围、技术规格、加工精度和表面质量、生产效率、自动化程度、效率、精度保持性及维修性能等。为了能合理选择、正确使用和科学管理机床，必须很好地了解机床的技术性能和技术规格。

（1）工艺范围　机床的工艺范围是指其适应不同生产要求的能力，即机床上可以完成的工序种类，能加工的零件种类、毛坯和材料种类、适应的生产规模等。根据工艺范围的宽窄，机床可分为通用（万能）、专门化和专用三类。通用（万能）机床可以加工一定尺寸范围内的各种零件，完成多种多样的工序，工艺范围很宽，但结构比较复杂，自动化程度和生产效率往往比较低，适用于产品批量小，加工对象经常变动的单件、小批量生产。专门化机床只能加工一定尺寸范围内的一类或少数几类零件，完成一种（或少数几种）特定的工序，工艺范围较窄。一般说来，专门化机床和专用机床的结构比通用机床简单，自动化程度和生产效率较高，适用于大批量生产。

（2）技术规格　机床的技术规格是指反映机床加工能力、工作精度及工作性能的各种技术数据，包括主要参数，运动部件的行程范围，主轴、刀架、工作台等执行件的运动速度，工作精度，电动机功率，机床的轮廓尺寸和质量等。为了适应加工各种尺寸零件的需要，每一种通用机床和专门化机床都有各种技术规格。例如卧式车床的主参数（工件在床身上的最大回转直径）有 250mm、320mm、500mm、630mm、800mm、1000mm、1250mm 八种规格；主参数相同的卧式车床，往往又有几种不同的第二参数，也就是它的工件最大加工长度不同。例如，CA6140 型卧式车床，它的工件在床身上最大回转直径为 400mm，工件最大加工长度有 750mm、100mm、1500mm 和 2000mm 四种。

机床的技术规格可以从机床说明书中查得。它是设备维修与管理部门在机床设备选型、准备机床的维修备件、设备管理的主要原始依据之一。

【思考与练习】

请简述 CA6140 型卧式车床的控制过程。

任务三　CA6140 型卧式车床电气控制系统的一般故障排除及调试

【任务描述】

小方经过 1 天的时间已了解 CA6140 型卧式车床的功能、结构并且能正确地操作

CA6140 型卧式车床了。紧接着第二天技术人员又给他布置了新任务：解决两台 CA6140 型卧式车床电气控制系统的不同故障，排除完成后再进行调试。

【任务目标】

1）掌握 CA6140 型卧式车床电气控制系统的一般故障排除方法。

2）掌握 CA6140 型卧式车床故障排除后的调试过程及方法。

3）学会使用维修工作票。

4）培养学生安全操作、规范操作、文明生产的行为习惯。

【使用材料、工具与方法】

本任务主要使用的方法是自我学习和现场操作，根据任务的目标结合材料及工具，完成本任务的相关要求。材料及工具详见表 2-9。

表 2-9　使用的材料及工具清单

序号	材料及工具名称	数量	备注
1	CA6140 型卧式车床	1 台	
2	CA6140 型卧式车床使用说明书	1 本	
3	大小号螺钉旋具(一字、十字)	各 1 把	
4	活扳手、套筒扳手等	1 套	
5	数字万用表	1 个	
6	剥线钳	1 把	
7	尖嘴钳	1 把	
8	电烙铁、焊锡等	1 套	
9	CA6140 型卧式车床清单相关备件	若干	
10	电线	若干	
11	安全防护(工作服及手套等)	1 套	

【知识链接】

1. 维修工作票

维修工作票也指任务施工单，它是企业中常见的单子，其目的就是要根据规范进行维修并做好相应的记录和档案。表 2-10 所示为本任务给定的维修工作票。

表 2-10　维修工作票（范例）

设备编号	
工作任务	根据“CA6140 型卧式车床电气控制原理图”完成电气线路故障检测与排除
工作时间	
工作条件	检测及排除故障过程:停电 观察故障现象和排除故障后试机:通电
工作许可人签名	

（续）

维修要求	1. 工作许可人签名后方可进行检修 2. 对电气线路进行检测，确定线路的故障点并排除 3. 严格遵守电工操作安全规程 4. 不得擅自改变原线路接线，不得更改电路和元器件位置 5. 完成检修后能使该机床正常工作
故障现象描述	
故障检测和排除过程	
故障点描述	

2. 常见的电气故障

CA6140型卧式车床常见故障分析与排除方法见表2-11。

表2-11 CA6140型卧式车床常见故障分析与排除方法

故障现象	故障原因分析	故障排除与检修
(1)车床电源自动开关不能合闸	①带锁开关没有将QF电源切断 ②电箱没有关好	①钥匙插入SB，向右旋转，机床切断QF电源 ②关上电箱门，压下SQ2，切断QF电源
(2)车床主轴电动机接触器KM不能吸合	①传动带罩壳没有装好，限位开关SQ1没有闭合 ②带自锁停止按钮SB1没有复位 ③热继电器FR1脱扣 ④KM接触器线圈烧坏或开路 ⑤熔断器FU3熔丝熔断 ⑥控制线路断线或松脱	①重新装好传动带罩壳，机床压迫限位 ②旋转拔出停止按钮SB1 ③查出脱扣原因，手动复位 ④用万用表测量检查，并更换新线圈 ⑤检查线路是否有短路或过载，排除后按原有规格接上新的熔丝 ⑥用万用表或接灯泡的方法逐级检查断路点，查出后更换新线或将新器件装接牢固
(3)车床主轴电动机不转	①接触器KM没有吸合 ②接触器KM主触头烧坏或卡住，造成断相 ③主电动机三相线路个别线头烧坏或松脱 ④电动机绕组出线断 ⑤电动机绕组烧坏开路	①按故障(2)检查修复 ②拆开灭弧罩查看主触头是否完好，机床有否不平或卡住现象，调整触头或更换触头 ③查看三相线路各连接点有否烧坏或松脱，更换新线或重新接好 ④用万用表检查，并重新接好 ⑤用万用表检查，拆开电动机重绕
(4)车床主轴电动机能起动，但转动短暂时间后又停转	接触器KM吸合后自锁不起作用	检查KM自锁回路的导线是否松脱，触头是否损坏
(5)主轴电动机起动后，冷却泵电动机不转	①旋钮开关SB4没有闭合 ②KM辅助触头接触不良 ③热继电器FR2脱扣 ④KA1接触器线圈烧毁或开路 ⑤熔断器FU1熔丝断	①将SB4扳到闭合位置 ②用万用表检查触头是否良好 ③查明FR2脱扣原因，机床排除故障后手动复位 ④更换线圈或接触器 ⑤查明原因，排除故障后，换上相同规格熔丝

（续）

故障现象	故障原因分析	故障排除与检修
（6）车床溜板快速移动电动机不转	①传动带罩壳限位 SQ1 没有压迫到位 ②停止按钮 KA2 在自锁停止状态 ③按钮 SB3 接触不良 ④电动机线圈烧坏 ⑤熔断器 FU2 熔断 ⑥机械故障	①调整限位器距离与行程 ②修理或更换停止按钮 ③修理或更换按钮 SB3 ④重绕线圈或更换电动机 ⑤检查短路原因并排除 ⑥排除机械故障
（7）机床照明灯 EL 不亮	①灯泡坏 ②灯泡与灯头接触不良 ③开关接触不良或引出线断 ④灯头短路或电线破损对地，机床短路	①更换相同规格的灯泡 ②将此灯头内舌簧适当抬起再旋紧灯泡 ③更换或重新焊接 ④查明原因、排除故障后，更换相同规格熔丝

【任务实施】

技术人员告诉小方，在工作车间中有两台卧式车床有故障，不能正常工作了，现将该任务下发给小方，让小方对这两台无法正常工作的车床进行排故，排除故障完成后再调试该车床。

小方到其中一台车床旁，打开电源，并开始观察这台设备有什么故障现象。

1. 观察故障现象

故障现象为主轴电动机 M1 不能起动。

2. 填写维修工作票

在维修工作票“故障现象描述”一栏填写“主轴电动机无法正常运行”。

3. 故障分析与检修

主轴电动机不能起动，首先应判断出故障是出现在主电路还是控制电路，判断的方法即为闭合电源开关 QF，按下 SB2，观察 KM 是否吸合，若接触器 KM 吸合，则故障必然发生在主电路或电源电路上；若接触器 KM 不吸合，则可判断出故障发生在电源电路或控制电路中。排故过程如下：

（1）KM 不吸合　若闭合 QF 后按下 SB2，KM 不吸合，则需先判断电源供电是否正常，即用万用表测量变压器输出 0、1 点之间的电压，如果电压不正常或为 0V，则需用万用表依次测量 U13、V13 之间的电压；U11、V11 之间的电压；U10、V10 之间的电压，从而判断出故障点位置所在。

若变压器 0、1 点之间电压为 110V，则说明电源电路正常，此时按下 SB3，判断 KA2 是否吸合。如果 KA2 吸合。则说明 KM 与 KA2 的公共控制电路部分正常，故障点范围为 KM 线圈支路部分（5-6-7-0），可用电阻测量法测量；如果 KA2 不吸合，则说明故障点范围在 KM 与 KA2 的公共控制电路部分（1-4-5），可用电阻测量法测量。

（2）KM 吸合　若闭合 QF 后按下 SB2，KM 吸合，则需先测量 U10 与 W10 之间的电压。若无电压，说明熔断器 FU 熔断或连接线断开；若 U10 与 W10 之间电压正常，则需测量 U11 与 W11 之间电压。若无电压，则说明 QF 接触不良或连接线断开；若 U11 与 W11 之间电压正常。则需断开 QF，检查 KM 主触头，若有接触不良或烧毛等情况，则应更换规格相同的接触器；若 KM 正常，则需用万用表测量出线端的电阻值，检查 FR1、M1 及其之间的连接线是否正常。

4. 填写维修工作票

填写的方法及内容详见表2-12。

表2-12 维修工作票

设备编号	填写这台设备在本企业的编号
工作任务	根据“CA6140型卧式车床电气控制原理图”完成电气线路故障检测与排除
工作时间	填写工作起止时间,例: 自2016年10月22日14时00分至2016年10月22日15时30分
工作条件	检测及排除故障过程:停电 观察故障现象和排除故障后试机:通电
工作许可人签名	车间主任签名(例)
维修要求	1. 工作许可人签名后方可进行检修 2. 对电气线路进行检测,确定线路的故障点并排除 3. 严格遵守电工操作安全规程 4. 不得擅自改变原线路接线,不得更改电路和元器件位置 5. 完成检修后能使该车床正常工作
故障现象描述	主轴电动机正转无法正常运转
故障检测和排除过程	闭合QF,按下SB2,发现KM吸合,但主轴电动机不起动,说明电路在主电路或电源电路,依次测量U10-V10-W10、U11-V11-W11之间的电压及KM主触头情况
故障点描述	KM的两对主触头已经烧毛,导致电动机无法起动

【任务评价】

至此，任务三的基本任务已经学习和操作完毕，具体的学习和操作效果可以按照表2-13进行测试。

表2-13 卧式车床电气故障排除评价表

姓名		开始时间			
班级		结束时间			
项目内容	评分标准		扣分	自评	互评
在电气原理图上标出故障范围	不能准确标出或标错,扣10分				
按规定的步骤操作	错一次扣10分				
判断故障准确	错一次扣10分				
正确使用电工工具和仪表	损坏工具和仪表扣50分				
场地整洁,工具仪表摆放整齐	一项不符扣5分				
文明生产	违反安全生产的规定,违反一项扣10分				
教师点评		成绩(教师)			

【思考与练习】

1. 请简述该卧式车床排故的方法及过程。
2. 如果电源指示灯不亮，请问是什么原因？

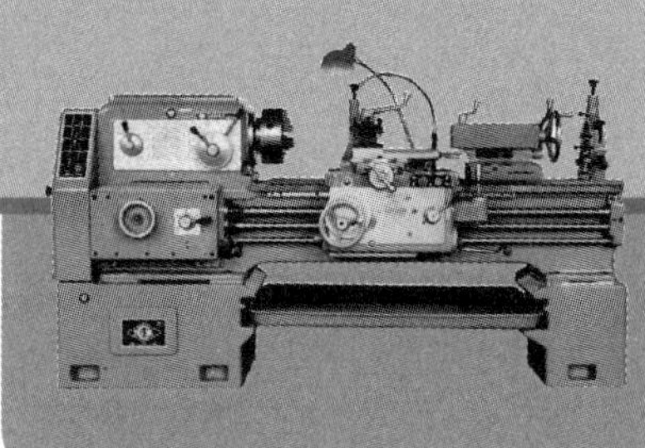

项目三 M7130G/F型平面磨床的电气调试及故障排除

【工作场景】

小王中专学的是电气控制相关专业，明年即将毕业离校。今年他通过学校介绍获得了进企业实习的机会。刚进该企业，一位师傅安排他磨削钢料，但是小王平时没有接触过“实物”啊！应该怎样磨削钢料呢？于是小王利用3天时间研究实习单位的一台M7130G/F型平面磨床（见图3-1）。

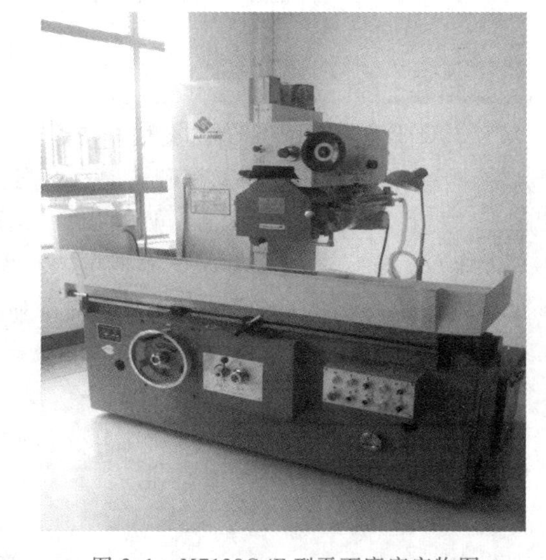

图3-1　M7130G/F型平面磨床实物图

【学习目标】

1）了解M7130G/F型平面磨床的功能、结构和运动形式。

2）能正确熟练操作M7130G/F型平面磨床。

3）掌握M7130G/F型平面磨床电气控制系统的一般故障排除及排除后的调试方法。

4）培养学生安全操作、规范操作、文明生产的行为习惯。

任务一　认识M7130G/F型平面磨床

【任务描述】

小王和师傅简单沟通后还是无从下手，于是师傅就给他先布置了第一个任务：认识M7130G/F型平面磨床的功能和结构。随后给了小王一份该设备的说明书，强调他只需了解M7130G/F型平面磨床的功能、结构和运动形式。

【任务目标】

1）了解 M7130G/F 型平面磨床的功能。

2）了解 M7130G/F 型平面磨床的结构。

3）了解 M7130G/F 型平面磨床的运动形式。

【使用材料、工具与方法】

本任务主要使用的方法是自我学习，根据任务的目标结合材料及工具，完成本任务的相关要求。材料及工具详见表 3-1。

表 3-1 使用的材料及工具清单

序号	材料及工具名称	数量	备注
1	M7130G/F 型平面磨床	1 台	
2	M7130G/F 型平面磨床的说明书	1 本	

【知识链接】

1. M7130G/F 型平面磨床的主要用途与适用范围

M7130G/F 型平面磨床主要是用砂轮周边磨削钢料、铸铁及有色金属等材料。

根据工件材料、形状，可采用不同的装夹、定位方法。一般平面可以采用电磁吸盘或直接紧固在工作台上进行磨削加工；平面、直角面、任意角度、圆柱端面及其他一些特殊形状，可在夹具或多功能强力电磁吸盘上进行磨削加工。

磨床的工作环境如下：安装处的环境温度不得高于 40℃，最低温度不得低于 5℃，2h 内的平均温度不得超过 35℃。磨床必须安装在海拔 2000m 以下。磨床工作环境的空气中不得含有灰尘、盐酸和腐蚀性气体。设备工作温度处于 20℃以下时，环境相对湿度允许达到 90%；当最高工作温度处于 40℃时，相对湿度不得超过 50%。

2. M7130G/F 型平面磨床的主要结构

该磨床型号意义如下：

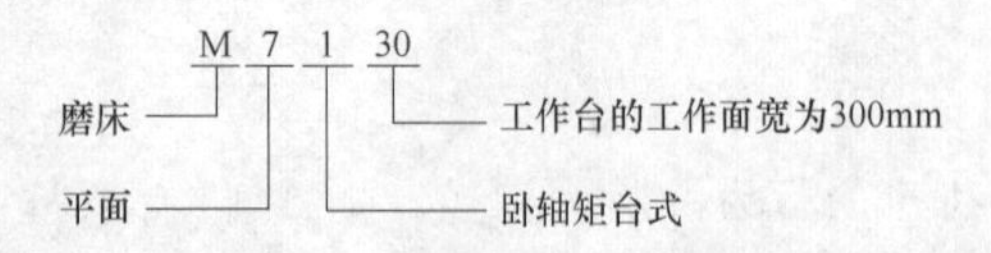

M7130G/F 型平面磨床主要由床身、工作台、电磁吸盘、砂轮箱、立柱和操作柄等构成，外形结构如图 3-2 和图 3-3 所示。

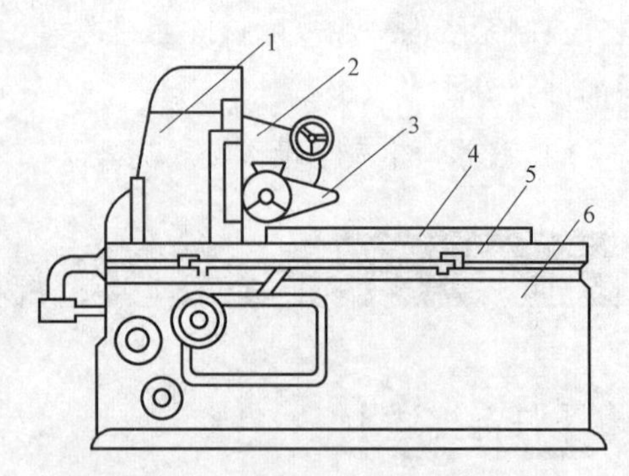

图 3-2 M7130G/F 型平面磨床的结构（1）

1—立柱 2—滑座 3—砂轮箱 4—电磁吸盘 5—工作台 6—床身

3. M7130G/F 型平面磨床的运动形式

机床在加工过程中，必须形成一定形状的发生线（母线和导线），才能获取所需的工件表面形状。因此，机床必须完成一定的运动，这种运动

称为表面成形运动。此外，还有多种辅助运动。

（1）主运动　平面磨床的主运动是指砂轮的旋转运动，线速度为30～50m/s。为保证磨削加工质量，要求砂轮有较高转速，通常采用两级笼型异步电动机拖动；为提高砂轮主轴的刚度，采用装入式砂轮电动机直接拖动，电动机与砂轮主轴同轴；砂轮电动机只要求单方向旋转，可直接起动，无调速和制动要求。主运动和进给运动示意图如图3-4所示。

（2）进给运动　工件或砂轮的往返运动为进给运动，有垂直进给、横向进给及纵向进给三种。工作台每完成一次纵向往返运动时，砂轮箱做一次间断性的横向进给运动；当加工完整个平面后，砂轮箱做一次间断性的垂直进给运动。进给运动示意图如图3-5所示。

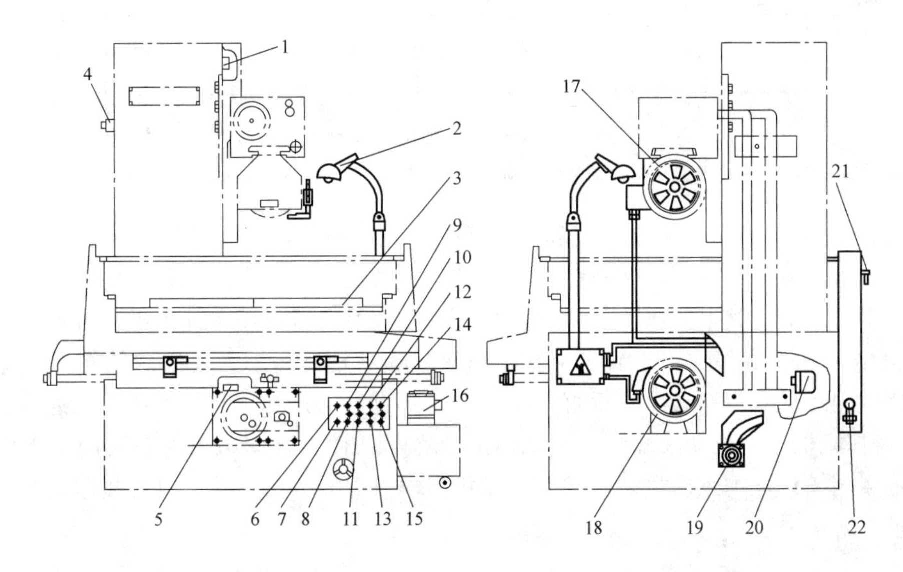

图3-3　M7130G/F型平面磨床的结构（2）

1—磨头上升限位开关　2—机床照明灯　3—电磁吸盘　4—电磁吸盘插座　5—SQ1自动升降开关　6—HL1电源指示灯　7—SB1急停开关　8—SB5液压泵电动机起动按钮　9—SB4液压泵电动机停止按钮　10—SA0砂轮电动机起动旋转按钮　11—SB2砂轮电动机停止按钮　12—SB6升降电动机上升按钮　13—SB7升降电动机下降按钮　14—SA2机床照明灯开关　15—SA1充退磁转换开关　16—M2冷却泵电动机　17—M1砂轮电动机　18—M3液压泵电动机　19—XS1冷却泵电动机插座　20—M4升降电动机　21—QS总电源开关　22—机床电源进线

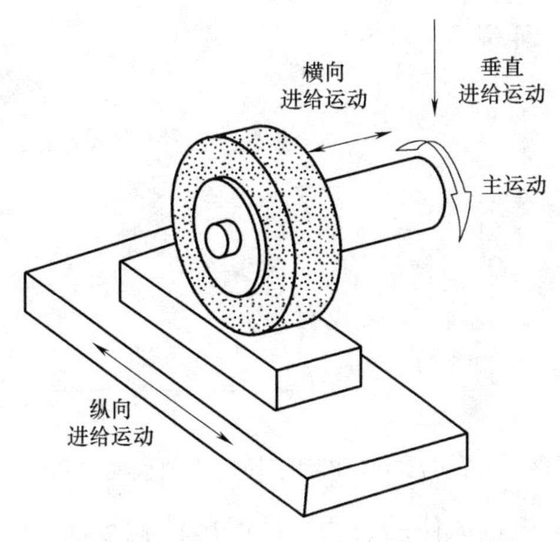

图3-4　主运行和进给运动示意图

（3）辅助运动　机床在加工过程中还需一系列辅助运动，其功能是实现机床的各种辅助动作，为表面成形运动创造条件。它的种类很多，如进给运动前后的快进和快退；调整刀具和工件之间正确相对位置的调位运动；工件夹紧；工作台横向运动；工作冷却等。

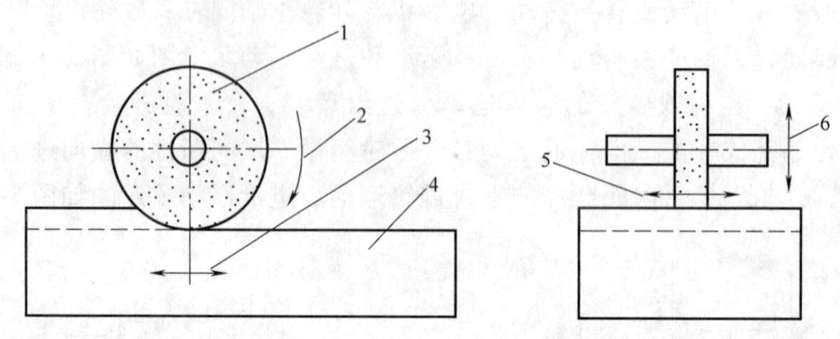

图 3-5　矩形工作台平面磨床的进给运动示意图

1—砂轮　2—主运动　3—纵向进给运动　4—工作台　5—横向进给运动　6—垂直进给运动

1）工件夹紧工作台表面的 T 形槽可以直接安装大型工件；也可以安装电磁吸盘，电磁吸盘通入直流电流时，可同时吸持多个小工件进行磨削加工；在加工过程中，工件发热可自由伸展，不易变形。当电磁吸盘通入反向直流小电流时，可以使工件去磁，方便卸下工件。

2）工作台横向、纵向、垂直三个方向的快速移动辅助运动，还有砂轮箱在滑座水平导轨上快速横向运动；基座沿立柱垂直导轨的快速垂直运动；工作台可调速的往返运动。

3）冷却泵电动机拖动冷却泵，提供切削液冷却工件，以减小工件在磨削加工中的热变形并冲走磨屑，保证加工质量。冷却泵电动机同样只需要方向旋转，可直接起动，无调速和制动要求。

【任务实施】

小王在拿到 M7130G/F 型平面磨床的使用说明书后，先初步翻阅看了一下说明书的目录（见图 3-6），通过说明书可以学会很多关于该设备的知识，他对照设备的说明书开始了学习。

目录

一、机床的工作环境
二、机床的电气系统
三、电气系统的操作说明
四、电气原理图
五、配电板接线图
六、互联图
七、按钮站接线图
八、电器安装位置图
九、电气设备清单

图 3-6　M7130G/F 型平面磨床的说明书目录

小王在翻阅和学习了该机床的使用说明书后，师傅就给他拿来了几道题目，让小王自己完成。

1）请根据说明书的内容及前面所学，完成表 3-2。

表 3-2　图形文字说明表

文字符号	说明	文字符号	说明
UR		TC	
YH		XS	

2）请简述 M7130G/F 型平面磨床主运动的过程。

【任务评价】

本任务的评价主要参考任务实施中回答的题目来确定。

【任务拓展】

1. 磨床的发展历程

1876 年在巴黎博览会美国布朗-夏普公司展出的万能外圆磨床，是首次具有现代磨床基本特征的机械。它的工件头架和尾架安装在往复移动的工作台上，箱形床身提高了机床刚度，并带有内圆磨削附件。1883 年，这家公司制成了磨头装在立柱上、工作台上做往复平移运动的平面磨床。

1900 年前后，人造磨料的发展和液压传动的应用，对磨床的发展有很大的推动作用。随着近代工业特别是汽车工业的发展，各种不同类型的磨床相继问世。例如 20 世纪初，先后研制出加工气缸体的行星内圆磨床、曲轴磨床、凸轮轴磨床和带电磁吸盘的活塞环磨床等。

自动测量装置于 1908 年开始应用到磨床上。到了 1920 年前后，无心磨床、双端面磨床、轧辊磨床、导轨磨床、珩磨机和超精加工机床等相继制成使用；20 世纪 50 年代又出现了可作镜面磨削的高精度外圆磨床；20 世纪 60 年代末又出现了砂轮线速度达 60~80m/s 的高速磨床和大切深、缓进给磨削平面磨床；20 世纪 70 年代，采用微处理机的数字控制和适应控制等技术在磨床上得到了广泛的应用。

2. 磨床的主要分类

随着高精度、高硬度机械零件数量的增加，以及精密铸造和精密锻造工艺的发展，磨床的性能、品种和产量都在不断地提高和增长。

1）外圆磨床：是普通型的基型系列，主要用于磨削圆柱形和圆锥形外表面。

2）内圆磨床：是普通型的基型系列，主要用于磨削圆柱形和圆锥形内表面。此外，还有兼具内外圆磨的磨床。

3）坐标磨床：具有精密坐标定位装置的内圆磨床。

4）无心磨床：工件采用无心夹持，一般支承在导轮和托架之间，由导轮驱动工件旋转，主要用于磨削圆柱形表面的磨床。

5）平面磨床：主要用于磨削工件平面的磨床。

① 手摇磨床适用于较小尺寸及较高精度的工件加工，可加工包括弧面、平面、槽在内的各种异形工件。

② 大水磨床适用于较大工件的加工，加工精度不高，与手摇磨床相区别。

6）砂带磨床：用快速运动的砂带进行磨削的磨床。

7）珩磨机：用于珩磨工件各种表面的磨床。

8）研磨机：用于研磨工件平面或圆柱形内，外表面的磨床。

9）导轨磨床：主要用于磨削机床导轨面的磨床。

10）工具磨床：用于磨削工具的磨床。

11）多用磨床：用于磨削圆柱、圆锥形内、外表面或平面，并能用随动装置及附件磨削多种工件的磨床。

12）专用磨床：仅对某类零件进行磨削的专用机床。按其加工对象又可分为花键轴磨床、曲轴磨床、凸轮磨床、齿轮磨床、螺纹磨床和曲线磨床等。

13）端面磨床：用于磨削齿轮端面的磨床。

【思考与练习】

1. 请简述 M7130G/F 型平面磨床的进给运动过程。

2. 想一想：该机床应该怎样进行操作？

任务二 操作 M7130G/F 型平面磨床

【任务描述】

通过阅读说明书，小王大致了解了 M7130G/F 型平面磨床相关知识，紧接着师傅就给他布置了第二个任务：操作 M7130G/F 型平面磨床。师傅还特意提醒，在操作 M7130G/F 型平面磨床时，要特别注意人身安全与设备安全。

【任务目标】

1）能正确熟练操作 M7130G/F 型平面磨床。

2）熟练掌握 M7130G/F 型平面磨床的工作原理及工作过程。

3）培养学生安全操作、规范操作、文明生产的行为习惯。

【使用材料、工具与方法】

本任务主要使用的方法是自我学习和现场操作，根据任务的目标结合材料及工具，完成本任务的相关要求。材料及工具详见表 3-3。

表 3-3 使用的材料及工具清单

序号	材料及工具名称	数量	备注
1	M7130G/F 型平面磨床	1台	
2	M7130G/F 型平面磨床使用说明书	1本	
3	螺钉旋具(一字、十字)	大小各1把	
4	安全防护(工作服、工作裤及手套等)	1套	

【知识链接】

M7130G/F 型平面磨床具有砂轮电动机 M1、冷却泵电动机 M2、液压泵电动机 M3 和升降电动机 M4，共 4 台电动机。电气原理图如图 3-7、图 3-8 所示。

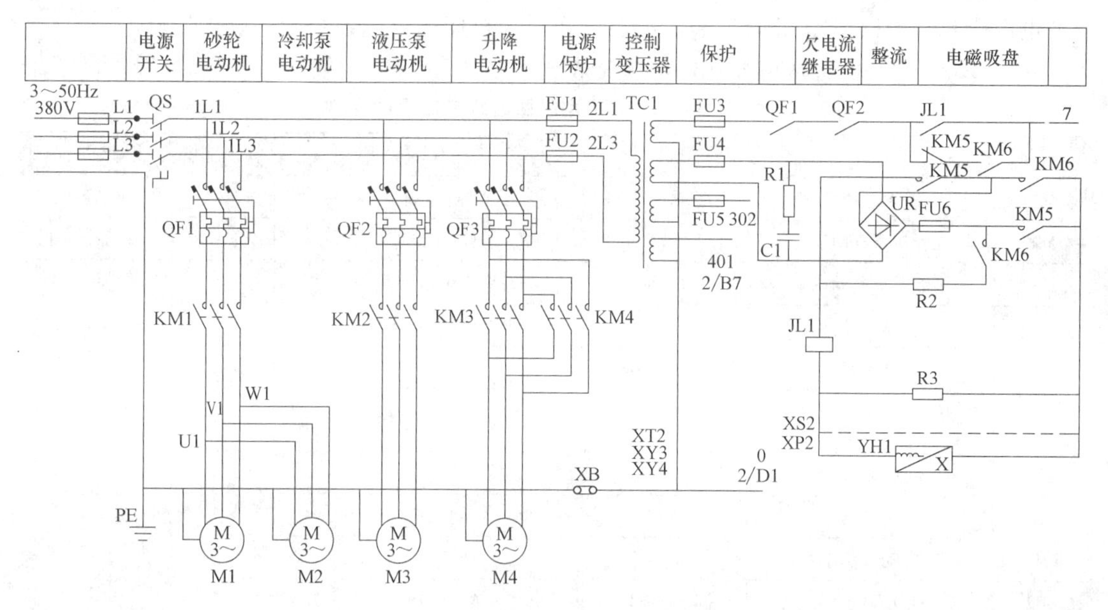

图 3-7　M7130G/F 型平面磨床电气原理图（1）

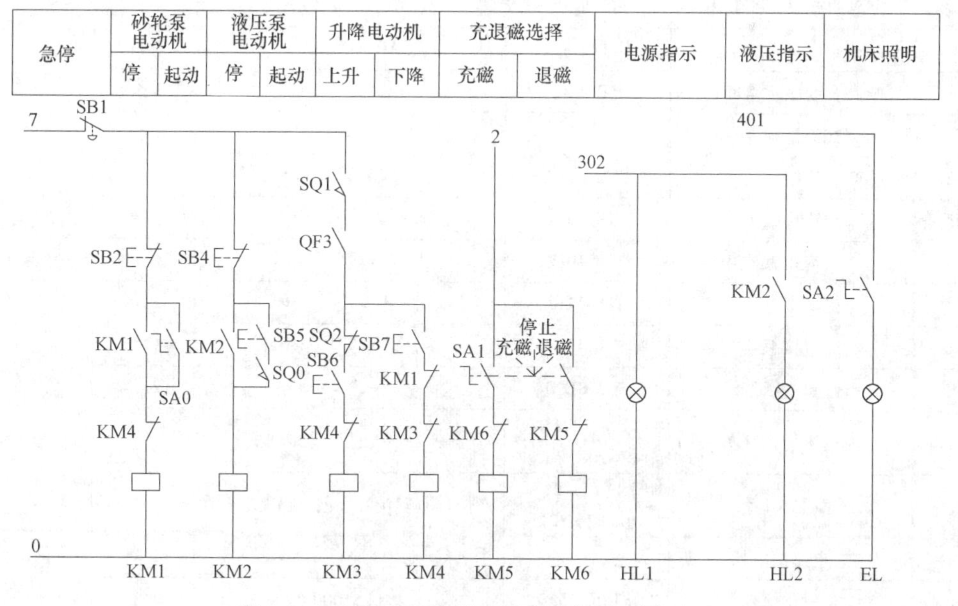

图 3-8　M7130G/F 型平面磨床电气原理图（2）

本机床采用三相四线制电源供电，线电压为 380V，频率为 50Hz，进线为 L1、L2、L3 这 3 根线和 PE 接地线。设备使用前，应将机床电气控制箱中的接地母线与工厂的接地系统用不小于 $6mm^2$ 的多股铜芯线可靠连接，以防机床漏电，确保安全。若工厂所在电网的电压波动超过 10%，频率低于 49Hz 或高于 51Hz，用户必须外加稳压、稳频装置。

妥善连接电源进线和接地线，电源进线由右侧的电源进线孔引入，并直接连接到接线板 XT1 的 L1、L2、L3、N 端头上，接地线连接到电气箱内的接地母线上。

在接通电源之前，应将所有插头对号插好，然后合上电气箱上的电源开关 QS1，按钮板上的电源指示灯 HL1 亮，此时，表示电源已接通，机床的电气系统已可以操作。

M7130G/F 型平面磨床电器元件清单见表 3-4。

表 3-4　M7130G/F 型平面磨床电器元件清单

代号	名称	型号	规格	数量	备注
M1	砂轮电动机	Y160M-4 改制	7.5kW,380V,1400r/min	1 台	驱动砂轮
M2	冷却泵电动机	DB-25A	120W,380V	1 台	驱动冷却泵
M3	液压泵电动机	Y132S-6	3kW,380V,960r/min	1 台	驱动液压泵
M4	升降电动机	YS 7124	0.37kW,1400r/min	1 台	驱动砂轮升降
QS	总电源开关	3LBB-40/5Q3GS	380V,40A	1 个	引入电源
QF1	断路器	3VE1	I_e=15.4A　I=14~20A	1 个	
QF2	断路器	3VE1	I_e=7.2A　I=6.3~10A	1 个	
QF3	断路器	3VE1	I_e=1.2A　I=1~1.6A	1 个	
FU1	断路自动显示熔断器	RT18-32	AC 380V,4A	3 个	
FU2	断路自动显示熔断器	RT18-32	AC 380V,4A	2 个	
FU3	断路自动显示熔断器	RT18-32	AC 220V,1A	1 个	
FU4	断路自动显示熔断器	RT18-32	AC 127V,2A	1 个	
FU5	断路自动显示熔断器	RT18-32	AC 24V,2A	1 个	
FU6	断路自动显示熔断器	RT18-32	DC 110V,2A	1 个	
KM1	交流接触器	3TB 4217	I_e=16A,2NO+2NC	1 个	
KM2	交流接触器	3TB 4117	I_e=12A,2NO+2NC	1 个	
KM3	交流接触器	3TB 4017	I_e=9A,2NO+2NC	1 个	I_e 为额定电流；I 为电流变化范围
KM4	交流接触器	3TB 4017	I_e=9A,2NO+2NC	1 个	
KM5	交流接触器	3TB 4217	I_e=9A,2NO+2NC	1 个	
KM6	交流接触器	3TB 4217	I_e=9A,2NO+2NC	1 个	
HL1、HL2	电源指示灯	ZSQ3-BD/15	U_e=6V	2 个	
SA1	充退磁转换开关	LAY11-22 B-20X/38	1NO+1NC,黑色,旋钮式	1 个	
SA2	照明灯开关	LAY11-22 B3-11X/21	1NO+1NC,黑色,旋钮式	1 个	
K	欠电流继电器	JZ-3-3Z	1NO+1NC,2.5A	1 个	
UR	桥式整流器	KBPC 1510	15A,1000V	1 个	
TC1	控制变压器	JCY5-400	380V/220V(90V·A), 127V(250V·A), 24V(50V·A)6V,(10V·A)	1 个	
K	欠电流继电器	JT3-11L	1.5A	1 个	

（续）

代号	名称	型号	规格	数量	备注
SB1	急停按钮	LAY11-22 B1-11ZS/1	1NO+1NC,红色	1个	
SB2	砂轮电动机停止按钮	LAY11-22 B3-11/1K	1NO+1NC,黑色	1个	
SAO	砂轮电动机起动按钮	LAY11-22 B3-11X/22	1NO+1NC,黑色	1个	
SB4	液压泵电动机停止按钮	LAY11-22 B3-11/1K	1NO+1NC,黑色	1个	
SB5	液压泵电动机起动按钮	LAY11-22 B6-11D/1K	1NO+1NC,白色	1个	
SB6	升降电动机上升按钮	LAY11-22 B6-11D/1K	1NO+1NC,白色	1个	
SB7	升降电动机下降按钮	LAY11-22 B6-11D/1K	1NO+1NC,白色	1个	I_e 为额定电流； I 为电流变化范围
EL	照明灯	JC11-1	24V,40W	1个	
SQ0	微动开关	Z-15GW22-B	380V,3A,1NO+1NC	1个	
SQ1	微动开关	JW2-11	380V,3A,1NO+1NC	1个	
SQ2	行程开关	LX12-2	380V,3A,1NO+1NC	1个	
YH1	电磁吸盘	XD11 300×680	DC110V,1.5A	1个	
XS1	冷却泵插头	233	400V,16A,四级	1个	
XP1	冷却泵插座	6618	400V,16A,四级	1个	
XS2	电磁吸盘插头	131	16A,二级带保护接头	1个	
XP2	电磁吸盘插座	1601	16A,二级带保护接头	1个	

【任务实施】

1）电磁吸盘的工作：电磁吸盘 YH 的结构如图 3-9 所示。它能吸牢多个铁磁材料的工件，但不能吸牢非磁性材料（如铜、铝等）的工件。其外壳由钢制箱体和盖板组成。

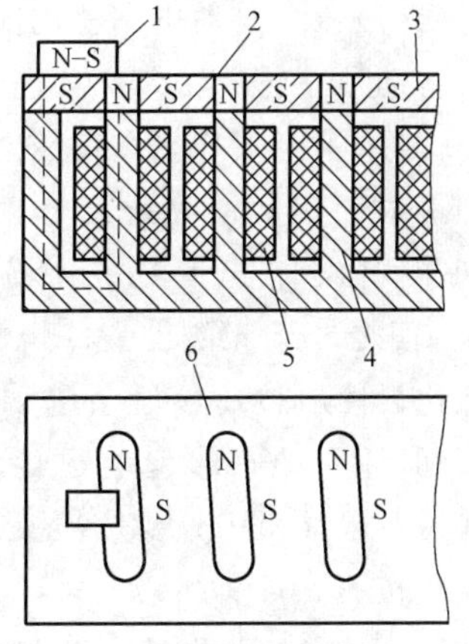

图 3-9　电磁吸盘结构示意图

1—工件　2—非磁性材料　3—工作台　4—芯体　5—线圈　6—盖板

电磁吸盘电路包括整流电路、控制电路和保护电路三部分。整流变压器 TC1 将 220V 的交流电压降为 127V，经桥式整流器 UR 后输出 110V 直流电压。SA1 是电磁吸盘 YH 的转换开关，有“充磁”“停止”“退磁” 3 个位置。

电磁吸盘是供工件夹持用的，因此磨削前应将工件妥善放在电磁吸盘上，必须操作充退磁选择旋钮开关 SA1，使之处于充磁位置，则吸盘充磁，只有在确信电磁吸盘已可靠吸持工件后，才能做工作台纵向进给运动。当充退磁选择旋钮开关 SA1 旋至退磁位置时，吸盘退磁。在充磁情况下，正常工作时，一旦失磁，则欠电流继电器断电，切断机床的控制电路，使砂轮停止旋转，台面停止移动，从而防止工件飞出事故。

注意：磨削加工时，在起动砂轮电动机 M1、液压泵电动机 M3 之前，首先必须操作充退磁选择旋钮开关 SA1，使之处于充磁位置（这步操作是通常情况下使用电磁吸盘吸持工件，进行磨削加工时所必需的），电磁吸盘即被磁化。当不需要电磁吸盘吸持工件时，必须操作充退磁选择旋钮开关 SA1，使之处于中间位置，并用其他方法固定工件，再操作充退磁选择旋钮开关 SA1，使之处于退磁位置，方可起动砂轮电动机 M1 和液压泵电动机 M3。

2）砂轮电动机：砂轮电动机拖动砂轮旋转：M1 启动和停止：砂轮电动机 M1 的主电路由 QF1、KM1 控制，当顺时针旋转砂轮电动机起动旋钮 SAO 时，砂轮电动机 M1 即开始运转。若要停止砂轮电动机，只要按压砂轮电动机停止按钮 SB2 即可。M7130G/F 型平面磨床的控制面板如图 3-10 所示，面板上有多组控制按钮。

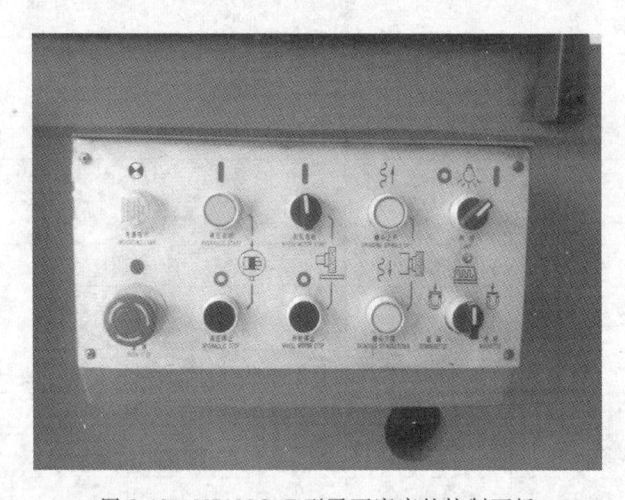

图 3-10　M7130G/F 型平面磨床的控制面板

3）冷却泵电动机：冷却泵电动机拖动冷却泵，供给磨削加工时需要的冷却液。切削液是为了减小工件在磨削加工中的热变形并冲走磨屑，以保证加工精度时使用的。冷却泵电动机 M2 通过插座 XS1、插头 XP1 插接与 M1 并联，起动、停止受 SA0、SB2 控制。

4）液压泵电动机：驱动液压泵，供出压力油，经液压传动机构来完成工作台往复纵向进给运动及砂轮的横向自动进给（见图 3-11），并承担工作台导轨的润滑。磨削加工时，在起动液压泵电动机之前，首先必须操作充退磁选择旋钮开关 SA1，使之处于充磁位置。电磁吸盘即被磁化，然后按压液压泵电动机 M3 起动按钮 SB5，M3 即起动运转。若要停止液压泵电动机，只要按压液压泵电动机停止按钮 SB4 即可。

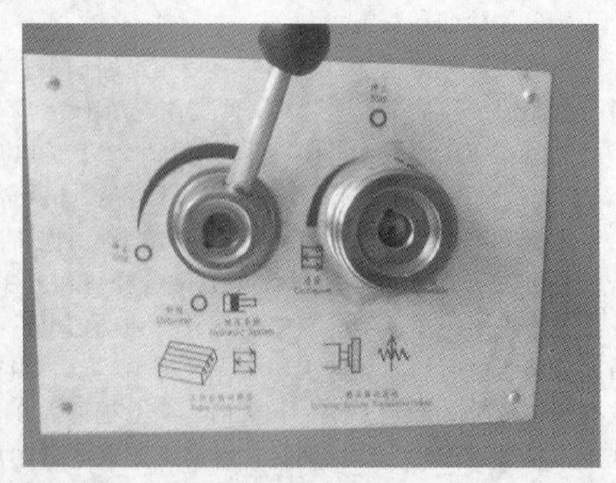

图 3-11　工作台纵向进给运动和砂轮横向进给运动

5）升降电动机 M4 的起动和停止：通过砂轮升降运动来实现对工件的对刀和调整（见图 3-12）。升降电动机 M4

由装在床身正面的把手所联动的微动开关 SQ1 来控制。若把手往外拉，机械离合器断开，同时 SQ1 的常开触点接通，按压升降电动机上升按钮 SB6，升降电动机正转，砂轮快速上升；按压升降电动机下降按钮 SB7，升降电动机反转，砂轮快速下降；SQ2 是磨头上升限位开关，一旦压上，升降电动机 M4 就不再上升。当砂轮需要快速下降时，必须停掉砂轮电动机，否则不能实现砂轮快速下降。

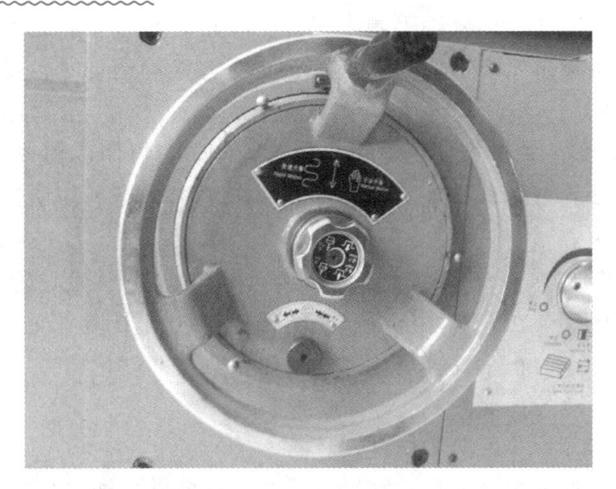

图 3-12　快速升降、手动升降

【任务评价】

至此，任务二的基本任务已经学习和操作完毕，学习和操作效果可按照表 3-5 进行测试。

表 3-5　操作机床评价表

姓名		开始时间			
班级		结束时间			
项目内容	评分标准		扣分	自评	互评
起动设备前是否做好准备工作					
能否正常起动 M7130G/F 型平面磨床					
能否操作工作台，能否实现进给运动					
是否具有安全操作意识					
教师点评		成绩(教师)			

【任务拓展】

1. 安全防护

磨削加工应用较为广泛，是机器零件精密加工的主要方法之一。但是，由于磨床砂轮的转速很高，砂轮又比较硬、脆，经不起较重的撞击，操作不当，撞碎砂轮会造成非常严重的后果。因此，磨削加工的安全技术工作显得特别重要，必须采取可靠的安全防护装置，操作要精神集中，保证万无一失。此外，磨削时砂轮的工件上飞溅出的微细砂屑及金属屑，会伤害工人的眼睛，同时，工人若大量地吸入磨屑也会对身体造成危害，因此应采取适当的防护措施。磨削加工时，应注意如下的一些安全技术问题：

1）开车前，应认真地对机床进行全面检查，包括对操纵机构、电气设备及电磁吸盘等夹具的检查。检查后再经润滑，润滑后进行试车，确认一切良好，方可使用。

2）装夹工件时要注意夹正、夹紧，在磨削过程中工件松脱会造成工件飞出伤人或撞碎砂轮等严重后果。开始工作时，应用手调方式，使砂轮缓慢与工件靠近，开始进给量要小，不许用力过猛，防止碰撞砂轮。需要用挡铁控制工作台往复运动时，要根据工件磨削长度，准确调好，将挡铁紧固。

3）更换砂轮时，必须先进行外观检查，是否有外伤，再用木槌或木棒敲击，要求声音清脆确无裂纹。安装砂轮时必须按规定的方法和要求装配，静平衡调试后进行安装，试车，一切正常后，方可使用。

4）工人在工作中要戴好防护眼镜和口罩，修整砂轮时要平衡地进行，防止撞击。测量工件、调整或擦拭机床都要在停车后进行。用电磁吸盘时，要将盘面、工件擦净，并靠紧、吸牢，必要时可加挡铁，防止工件移位或飞出。要注意装好砂轮防护罩或机床挡板，要侧身站立，避开高速旋转砂轮的正面。

2. 日常保养

磨床要有专人负责保养和使用，定期检修，确保机床处于良好状态。

1）作业完毕后，机件各处尤其是滑动部位，应擦拭干净后上油。

2）清除磨床各部位的研磨屑。

3）必要的部位要进行防锈处理。

进行以上磨床保养时的注意事项如下：

1）研磨前，请校正砂轮平衡。

2）必须依工件材质、硬度慎选砂轮。

3）主轴端与砂轮凸缘应涂薄油膜以防生锈。

4）应注意主轴旋转方向。

5）禁止使用空气枪清洁工作物及机器。

6）应注意油窗油路是否顺畅。

7）应每周清洁一次，吸尘箱和过滤缸。

8）吸力弱时应检查吸尘管是否有磨屑堵塞。

9）必须保持吸尘管道清洁，否则会引起燃烧。

磨床吸盘的保养：永久磁畴吸盘或电磁吸盘的盘面精度是工件能否达到研磨精度的基础，应妥为维护、保养。若工件精度不够或盘面有损伤，盘面必须再研磨。

磨床润滑系统的保养：润滑油于最初使用一个月后更换，以后每 3~6 个月更换一次，换油时通过油槽下方的泄油栓排出废油，应注意，换油时将槽内部及过滤器一并清洗。

【思考与练习】

1. 请简述 M7130G/F 型平面磨床升降电动机的控制过程。

2. 想一想：现需要用 M7130G/F 型平面磨床进行工件的加工，操作步骤一共有几步？机床应该怎样进行操作？

任务三　M7130G/F 型平面磨床电气控制系统的一般故障排除及调试

【任务描述】

小王经过 1 天的时间已了解 M7130G/F 型平面磨床的功能、结构并且能正确熟练地操作 M7130G/F 型平面磨床了。第二天，技术师傅又给他布置了新任务：解决旁边两台 M7130G/F 型平面磨床电气控制系统的不同故障，排除故障后再进行调试。

【任务目标】

1）掌握 M7130G/F 型平面磨床电气控制系统的一般故障排除方法。

2）掌握 M7130G/F 型平面磨床故障排除后的调试过程及方法。

3）学会维修工作票的使用。

4）培养学生安全操作、规范操作、文明生产的行为习惯。

【使用材料、工具与方法】

本任务主要使用的方法是自我学习和现场操作，根据任务的目标结合材料及工具，完成本任务的相关要求。材料及工具详见表 3-6。

表 3-6　使用的材料及工具清单

序号	材料及工具名称	数量	备注
1	M7130G/F 型平面磨床	1 台	
2	M7130G/F 型平面磨床使用说明书	1 本	
3	大小螺钉旋具(一字、十字)	各 1 把	
4	活扳手、套筒扳手等	1 套	
5	万用表	1 个	
6	剥线钳	1 把	
7	尖嘴钳	1 把	
8	电烙铁、焊锡等	1 套	
9	M7130G/F 型平面磨床清单相关备件	若干	
10	电线等	若干	
11	安全防护(工作服及手套等)	1 套	

【知识链接】

1. 机床主轴轴承的调整

磨头结构如图 3-13 所示，实物如图 3-14 所示。松开螺钉，移动盖板，然后按逆时针方向旋转螺母，螺栓往下移动，可以收紧轴承的间隙；按顺时针方向拧紧螺母，螺栓往上移动，可以松开轴承的间隙。调整后，拧紧螺钉，将盖板盖上。把主轴与轴承间隙调整到小于 0.04mm，主轴旋转 360°要轻松，否则要重调。然后检验主轴锥面的径向跳动，公差值为 0.01mm。

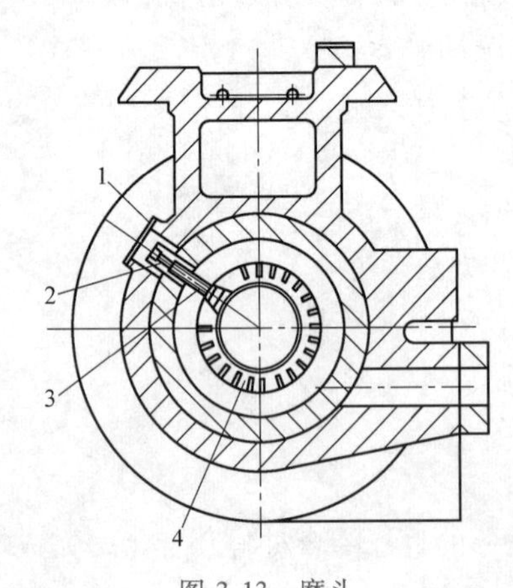

图 3-13 磨头

1—螺钉 2—螺母 3—螺栓 4—轴承

图 3-14 磨头实物图

2. 维修工作票

表 3-7 所示为本任务给定的维修工作票。

表 3-7 维修工作票

设备编号	
工作任务	根据“M7130G/F 型平面磨床电气控制原理图”完成电气线路的故障检测与排除
工作时间	
工作条件	检测及排除故障过程:停电观察故障现象和排除故障后试机:通电
工作许可人签名	
维修要求	1. 工作许可人签名后方可进行检修 2. 对电气线路进行检测,确定线路的故障点并排除 3. 严格遵守电工操作安全规程 4. 不得擅自改变原线路接线,不得更改电路和元器件位置 5. 完成检修后能使该机床正常工作
故障现象描述	
故障检测和排除过程	
故障点描述	

【任务实施】

平面磨床修理前的准备工作主要包括对所修机床前状态的调查，即对机床的精度状况、故障情况进行调查和分析，然后编制技术准备书，制订基本修理方案，列出所要更换或修复零件的明细表。准备工作的好坏直接影响到大修工作的顺利进行和维修质量，应力求准确、全面、可行。

平面磨床维修前应检查的项目如下：

1）检查磨头的进给落刀情况，以确定是否更换丝杠副。

2）调查机床使用中有没有“抱轴”现象，轴承的承载能力如何，并现场观察磨头主轴、轴瓦磨损情况，确定主轴轴瓦的修换。

3）检查床身、立柱、滑板各处导轨有没有严重拉毛和磨损情况，确定修复方案。

4）观察工作台速度的均匀性，再检查液压缸的磨损情况，确定液压缸修复方案。

5）观察液压泵工作性能，初步了解操纵箱的性能。听液压泵声音，测流量及压力参数，确定液压泵修换情况。

6）检查磨头进给和爬行情况，确定磨头液压缸修复方案。

7）对其他零件的磨损情况作调查和了解，编制技术准备书。

依据机床的故障现象，为了更好地排除故障，确定故障检修所需的工具、仪器、资料和备件，如表 3-8 所示。

表 3-8　M7130G/F 平面磨床确定故障检修所需物品明细表

工具	验电笔、电工刀、尖嘴钳、斜口钳、剥线钳、螺钉旋具、活扳手等
仪器	数字式万用表、绝缘电阻表、钳形电流表等
资料	《电气 CAD 工程实践技术》《机床电气控制》《机电设备故障诊断与维修》《机电设备故障诊断与维修技术》《通用设备机电维修》《铣床常见故障诊断与检修》《工厂电气控制技术》《金属切削机床与数控机床》《M7130G/F 平面磨床电气原理图册》等
备件	交流接触器、中间继电器、按钮、电动机、熔断器等常用电器元件

技术人员告诉小王，在工作车间中有两台 M7130G/F 型平面磨床有故障，无法正常工作了，现将该任务下发给小王，让小王将这两台无法正常工作的机床进行排故，排除故障后进行调试。

小王到其中一台机床旁，打开电源，并开始观察这台设备有什么故障现象。

1）观察故障现象：M7130G/F 平面磨床的 3 台电动机不能起动。

2）填写维修工作票“故障现象描述”一栏，即“3 台电动机不能起动（M1、M2、M3）”。

3）故障分析。3 台电动机介绍如下：M1 为砂轮电动机，型号为 Y160M-4 改制，规格为 7.5kW，380V，1400r/min，作用是为拖动砂轮机高速旋转。M2 为冷却泵电动机，型号为 DB-25A，规格为 120W，380V，作用是驱动冷却泵供应切削液。M3 为液压泵电动机，型号为 Y132S-6，规格为 3kW，380V，960r/min，作用是为液压系统提供动力。

在分析工作原理的基础上，M7130G/F 平面磨床这 3 台电动机不能起动的原因有以下几种：

可能原因一：L1、L2、L3 三相交流电源故障。

可能原因二：0-1　电源电压不是 380V。

可能原因三：SA1 吸合，欠电流继电器 JZ-3-3 未导通。

可能原因四：转换开关 SA1 扳至“退磁”位置时 SA1 故障。

4）故障维修流程图的制订。3 台电动机不能起动的故障维修流程如图 3-15 所示。

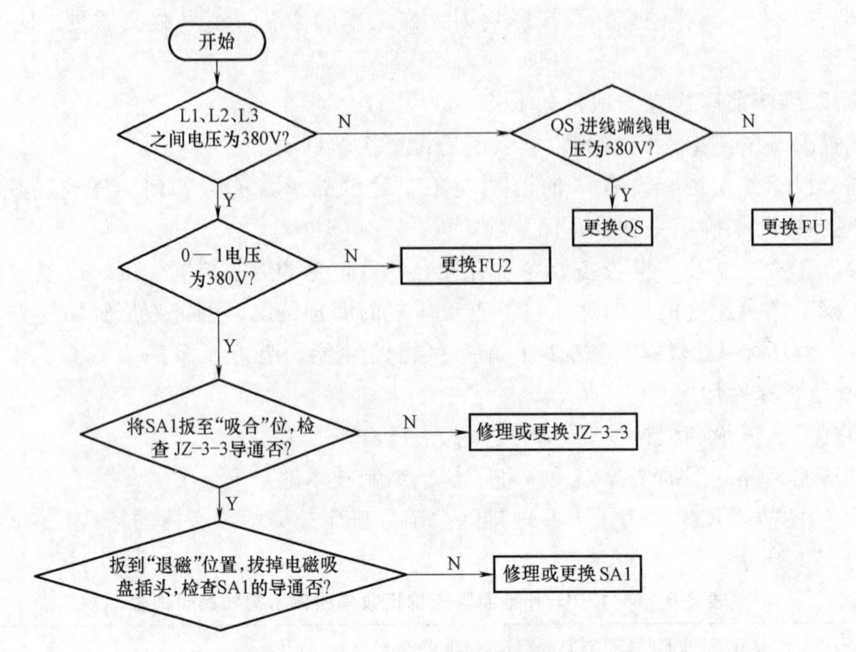

图 3-15　3 台电动机不能起动的故障维修流程图

5）故障排除。

故障一：L1、L2、L3 三相交流电源故障，用数字式万用表测量 L1、L2、L3 之间的电压是否为 380V，若不是则用数字式万用表测量电源开关 QS 进线端电压是否是 380V，如果不是，则说明 QS 中的熔断器 FU 损坏。

处理方法：更换熔断器 FU。

故障二：0-1　电源电压不是 380V，用数字式万用表分别测量 0　和 1　接线端电压是否是 380V，如果不是 380V，则说明熔断器 FU2 损坏。

处理方法：更换熔断器 FU2。

故障三：转换开关 SA1 扳至“吸合”时欠电流继电器 JZ-3-3 未导通，用数字式万用表测量欠电流继电器 JZ-3-3 两端电压是否正常，如不正常，则说明继电器损坏，或者检查一下电磁工作台的直流工作电流是否与电流继电器线圈的额定电流一致，如果不一致，也可说明继电器故障。

处理方法：更换欠电流继电器 JZ-3-3。

故障四：转换开关 SA1 扳至“退磁”时拔掉电磁吸盘插头，SA1（2-24）故障，用数字式万用表分别测量转换开关 SA1（2-24）两端电阻是否导通，如果不导通，则说明转换开关 SA1（2-24）损坏。

处理方法：更换转换开关 SA1。

6）填写维修工作票。填写的方法及内容详见表 3-9。

表 3-9　维修工作票

设备编号	填写这台设备在本企业的编号
工作任务	根据“M7130G/F 型平面磨床电气控制原理图”完成电气线路故障检测与排除
工作时间	填写工作起止时间，例：自 2016 年 10 月 22 日 14 时 00 分至 2016 年 10 月 22 日 15 时 30 分
工作条件	检测及排除故障过程：停电观察故障现象和排除故障后试机：通电
工作许可人签名	车间主任签名（例）
维修要求	1. 工作许可人签名后方可进行检修 2. 对电气线路进行检测，确定线路的故障点并排除 3. 严格遵守电工操作安全规程 4. 不得擅自改变原线路接线，不得更改电路和元器件位置 5. 完成检修后能使该机床正常工作
故障现象描述	3 台电动机不能起动（M1、M2、M3）
故障检测和排除过程	用电压法，用数字式万用表测量电源开关 QS 进线端电压是否是 380V，如果不是，则说明 QS 中的熔断器 FU 损坏 故障类型为熔断器 FU 损坏
故障点描述	FU 故障

【任务评价】

具体的学习和操作效果可以按照表 3-10 进行测试。

表 3-10　机床电气故障排除评价表

姓名		开始时间			
班级		结束时间			
项目内容	评分标准		扣分	自评	互评
在电气原理图上标出故障范围	不能准确标出或标错，扣 10 分				
按规定的步骤操作	错一次扣 10 分				
判断故障准确	错一次扣 10 分				
正确使用电工工具和仪表	损坏工具和仪表扣 50 分				
场地整洁，工具仪表摆放整齐	一项不符扣 5 分				
文明生产	违反安全生产的规定，违反一项扣 10 分				
教师点评		成绩（教师）			

【任务拓展】

M7130G/F 型平面磨床电气控制线路的常见故障及处理方法见表 3-11。

表 3-11 M7130G/F 型平面磨床电气控制线路的常见故障及处理方法

故障现象	可能原因	处理方法
3 台电动机都不能起动	欠电流继电器 JZ-3-3 常开触头和 SA1 常开触头接触不良、接线松脱或有油垢	检修或更换 JZ-3-3、SA1 检修时应将转换开关 SA1 扳到"吸合"位置才能检查 JZ-3-3 常开触头的接通情况;检查 SA1 触头的通断情况,可将 SA1 扳到"退磁"位置,并拔掉电磁吸盘插头再检查
冷却泵电动机烧坏	1. 切削液进入电动机内部,引起绕组匝间短路 2. 电动机长期运行后,转子在定子内不同心,工作电流增大,电动机长时间过载运行 3. 由于砂轮电动机与冷却泵电动机共用一只热继电器,两台电动机的容量相差较大,当冷却泵电动机发生过载时,还不足以使热继电器动作,造成冷却泵电动机长期过载运行而烧坏	1. 检修或更换电动机 2. 检修或更换电动机 3. 可改动线路,在冷却泵电动机主电路中加装热继电器
冷却泵电动机不能起动	1. 插座损坏 2. 冷却泵电动机损坏	1. 查明原因后修复 2. 更换电动机
液压泵电动机不能起动	1. 按钮 SB4、SB5 触头接触不良 2. 接触器 KM2 线圈损坏 3. 液压泵电动机损坏	1. 修复触头或更换 2. 更换线圈 3. 更换电动机
电磁吸盘没有吸力	1. 插座 XP2 接触不良 2. 熔断器 FU1、FU2 或 FU4 熔体熔断 3. 桥式整流电路损坏 4. 电磁吸盘线圈断开 5. 欠电流继电器 JZ-3-3 线圈断开 6. 三相电源电压不正常	1. 更换或检修 2. 查明原因,更换熔体 3. 检修桥式整流电路 4. 检修或更换电磁吸盘线圈 5. 检修或更换 JZ-3-3 6. 检查三相电源电压,查明原因并排除故障
电磁吸盘吸力不足	1. 电磁吸盘线圈损坏局部匝间短路等 2. 整流器输出电压不正常	1. 通过测量整流器,负载时不低于 110V,若带负载时输出电压过低,则为电磁吸盘线圈损坏,可检修或更换电磁吸盘线圈 2. 通常为整流器件短路或断路,可检查整流器 VC 交流、直流侧电压,判断故障部位,查出故障器件,进行更换或修理
电磁吸盘退磁不好,使工件不能取下	1. 退磁电路断路 2. 退磁电压过高 3. 退磁时间过长或太短	1. 检查 SA1 接触是否良好 2. 重新调整退磁电压 3. 操作员应掌握好退磁时间

【思考与练习】

1. 请简述该机床排故的方法及过程。
2. 如果电源指示灯不亮，请问是什么原因？

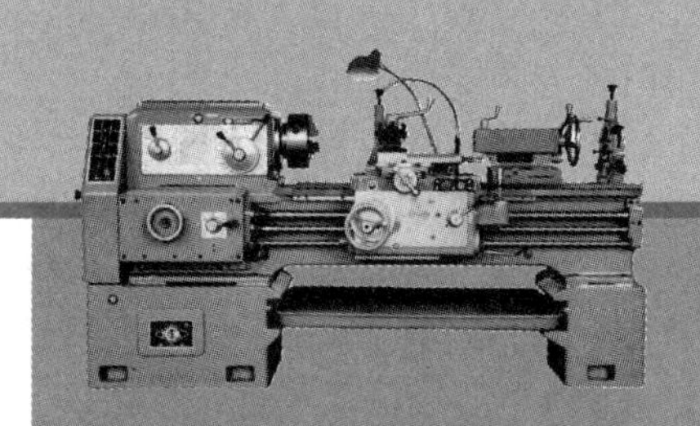

项目四

Z3032型摇臂钻床的电气调试及故障排除

【工作场景】

小苗是职高高二学生，在学校学习的是电气专业。今年暑假期间，他在一家数控厂里实习，他先跟着车间主任学习厂里的摇臂钻床。小苗从零开始，通过车间主任的简单讲解后，得知此钻床的型号为Z3032，其余相关资料需自行上网查询。小苗学习的Z3032型摇臂钻床如图4-1所示。

图4-1　Z3032型摇臂钻床实物图

【能力目标】

1）了解Z3032型摇臂钻床的功能（作用）、结构和运动形式。

2）能正确熟练操作Z3032型摇臂钻床。

3）掌握Z3032型摇臂钻床电气控制系统的故障排除及排除后的调试方法。

4）培养学生安全操作、规范操作、文明生产的行为习惯。

任务一　认识Z3032型摇臂钻床

【任务描述】

小苗经过车间主任的简单讲解后，对Z3032型摇臂钻床有了简单的认识，但是对于该钻床的功能、结构及传动形式还是比较模糊。因此，他上网搜索了一份该设备的说明书，并开始了接下来的学习。另外，车间主任给他布置了一个任务，要求在学习完后需要回答他提出的几个问题。

【任务目标】

1）了解Z3032型摇臂钻床的功能。

2）了解 Z3032 型摇臂钻床的结构。

3）了解 Z3032 型摇臂钻床的运动形式。

【使用材料、工具与方法】

本任务主要使用的方法是自我学习，根据任务的目标结合材料及工具，完成本任务的相关要求。材料及工具详见表 4-1。

表 4-1　使用的材料及工具清单

序号	材料及工具名称	数量	备注
1	Z3032 型摇臂钻床	1 台	
2	Z3032 型摇臂钻床使用说明书	1 份	

【学习链接】

1. Z3032 型摇臂钻床的主要用途与适用范围

在日常生活中，机床并不是我们常见的机器，一般都是在生产型的工厂中才会看到，所以会有很多人都不是很了解摇臂钻床，更不知道它主要用来生产什么。其实想了解这种机床并不难，毕竟它不是一个庞然大物，操作起来也没有那么复杂。生活中常见到的空调器和五金磨具等很多的产品，在某些特殊零件的孔加工上，都和这种钻床有着亲密的联系。而且，钻床的用途也特别多，不仅能钻孔、扩孔、铰孔，还能进行攻螺纹，包含了多种加工形式，操作也十分简便。Z3032 型摇臂钻床是一种常见的立式钻床，适用于单件和成批生产加工多孔的大型零件。

2. Z3032 型摇臂钻床的主要结构

该钻床型号意义如下：

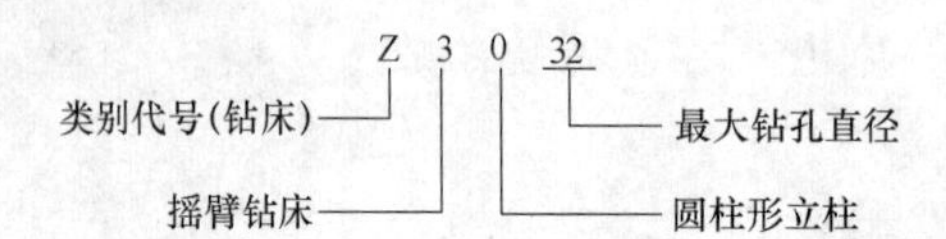

摇臂钻床主要由底座、内立柱、外立柱、摇臂、主轴箱及工作台等部分组成。内立柱固定在底座的一端，在它的外面套有外立柱，外立柱可绕内立柱回转 360°。摇臂的一端为套筒，它套装在外立柱做上下移动。由于丝杠与外立柱连成一体，而升降螺母固定在摇臂上，因此摇臂不能绕外立柱转动，只能与外立柱一起绕内立柱回转。主轴箱是一个复合部件，由主轴电动机、主轴和主轴传动机构、进给和变速机构、机床的操作机构等部分组成。主轴箱安装在摇臂的水平导轨上，可以通过手轮操作，使其在水平导轨上沿摇臂移动，主要结构如图 4-2 所示。

3. Z3032 型摇臂钻床的运动形式

当进行加工时，由特殊的加紧装置将主轴箱紧固在摇臂导轨上，而外立柱紧固在内立柱上，摇臂紧固在外立柱上，然后进行钻削加工。钻削加工时，钻头一边进行旋转切削，一边进行纵向进给，其运动形式如下：

1）摇臂钻床的主运动为主轴的旋转运动。

2）进给运动为主轴的纵向进给。

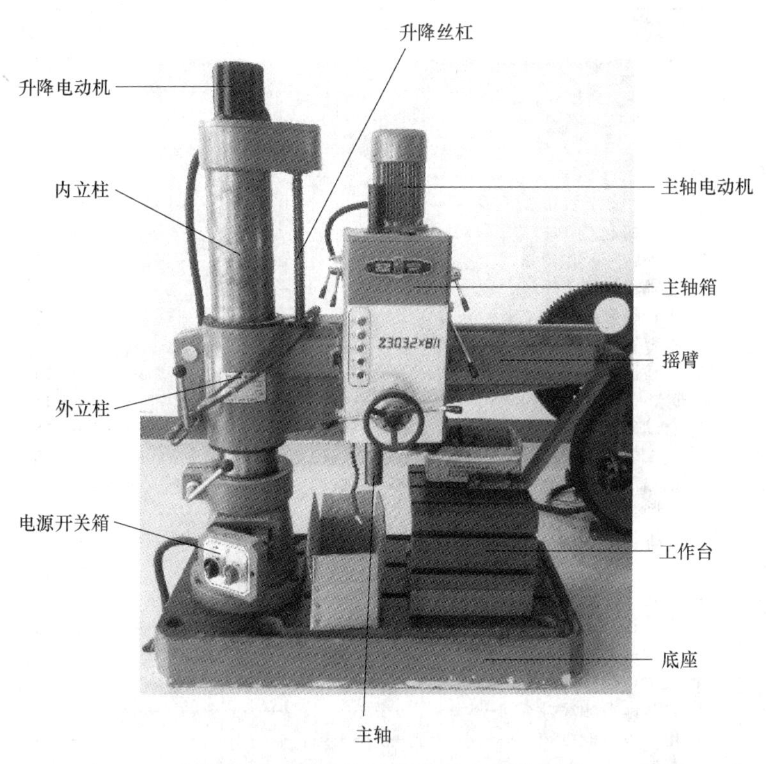

图 4-2 Z3032 型摇臂钻床的主要结构图

3）辅助运动有：摇臂沿外立柱的垂直移动，主轴箱沿摇臂长度方向的移动，摇臂与外立柱一起绕内立柱的回转运动。

【任务实施】

小苗在网上搜索并打印了 Z3032 型摇臂钻床的使用说明书后，先初步翻阅看了一下说明书的目录（见图 4-3），通过说明书可以学会很多关于该设备的知识，他对照设备的说明书开始学习。

小苗在翻阅和学习了该钻床的使用说明书后，车间主任给他拿来了几道题目，让小苗来完成。

1. 请根据说明书的内容及前面所学，完成表 4-2。

表 4-2 图形文字说明表

文字符号	说明	文字符号	说明
Z		0	
3		32	

2. 请写出 Z3032 型摇臂钻床的运动形式。

【任务评价】

本任务的评价主要参考任务实施中回答的题目来进行。

目录

一、用途 …… 7
二、主要技术规格 …… 7
三、机床的搬运安装 …… 8
1. 搬运 …… 8
2. 安装 …… 8
四、机床的操纵 …… 12
1. 主轴的起动 …… 12
2. 主轴转速及进给量的变换 …… 12
3. 主轴的进给 …… 12
4. 主轴箱和立柱的夹紧，松开 …… 12
5. 摇臂夹紧，松开及升降 …… 12
6. 摇臂回转时应注意的问题 …… 13
五、润滑 …… 15
1. 自动润滑 …… 15
2. 人工润滑 …… 15
3. 油箱的注油及排油 …… 15
六、冷却 …… 17
七、传动系统 …… 17
八、电气 …… 22
1. 概述 …… 22
2. 电路说明 …… 22
3. 照明的开闭 …… 23
4. 机床的保护 …… 23
5. 机床电源相序检查 …… 24
6. 电气设备的维护 …… 24
九、主要结构 …… 29
1. 主轴变速传动机构 …… 29
2. 主轴进给变速传动机构 …… 30
3. 主轴进给机构 …… 30
4. 操纵机构 …… 31
5. 主轴箱夹紧 …… 31
6. 主轴及平衡 …… 31
7. 立柱夹紧 …… 32
8. 摇臂升降 …… 32
9. 摇臂夹紧 …… 32
十、调整及维护 …… 32
1. 机床的调整 …… 32
2. 机床的维护 …… 34
十一、附件及易损件 …… 35
1. 附件 …… 35
2. 易损件 …… 35

图 4-3　Z3032 型摇臂钻床使用说明书目录

【任务拓展】

1. 钻床的发展历程

20 世纪 70 年代初，在世界上钻床还采用普通继电器控制。如 20 世纪七八十年代进入中国的钻床，如美国的 MEGA50，德国的 T30-3-250、B4-H30-C/L，日本高级精工制作所的 DEG 型等都是采用继电器控制的。20 世纪 80 年代后期，由于数控技术的出现，深孔钻床开始得到应用，特别是 20 世纪 90 年代以后这种先进技术才得到推广。如 20 世纪 90 年代初上市的 ML 系列深孔钻床，除了进给系统由机械无级变速器改为采用交流伺服电动机驱动滚珠丝杠副、进给用滑台导轨采用滚动直线导轨以外，钻杆箱传动为了保证高速旋转、精度平稳，由交换带轮、传送带和双速电机驱动的有级传动变为无级调速的变频电动机到电主轴驱动，为钻削小孔深孔钻床和提高深孔钻床的水平质量创造了有利条件。为了加工某些零件上的相互交叉或任意角度、或与加工零件中心线成一定角度的斜孔、垂直孔或平行孔等需要，各个国家专门开发研制了多种专用深孔钻床，例如专门为了加工曲轴上的油孔、连杆上的斜油孔、平行孔和饲料机械上料模的多个径向出料孔等。特别适用于大中型卡车曲轴油孔的BW250-kW 型深孔钻床，具有 X、Y、Z、W 四轴数控。

2. 钻床的分类

立式钻床：主轴箱和工作台安置在立柱上，主轴垂直布置的钻床，主要适用于机械制造和维修部门中的单件、小批生产，对中小型零件进行钻孔、扩孔、铰孔、锪孔及攻螺纹等加工。

台式钻床：可安放在作业台上，主轴垂直布置的小型钻床，主要适用于一般机械制造业，在单件、成批生产中或维修工作中对小型零件进行钻孔加工。

摇臂钻床：摇臂可绕立柱回转、升降，通常主轴箱可在摇臂上作水平移动的钻床。它适用于大件和不同方位孔的加工，适用于各种零件的钻孔、扩孔、铰孔、锪孔及攻螺纹等加工，在配备工艺装备的条件下也可镗孔。

深孔钻床：使用特制深孔钻头，工件旋转，钻削深孔的钻床。带深孔零件的深孔加工，深孔长径比一般为 5~10，特深孔长径比大于 20，个别可达 200。

卧式钻床：主轴水平布置，主轴箱可垂直移动的钻床，适用于箱体类零件。

【思考与练习】

1. 请简述 Z3032 型摇臂钻床的主要结构。
2. 想一想：该钻床应该怎样进行操作？

任务二　操作 Z3032 型摇臂钻床

【任务描述】

小苗学习了 Z3032 型摇臂钻床的基础知识后，在车间主任的指导下，就开始了 Z3032 型摇臂钻床的操作任务。车间主任提醒小苗，在操作 Z3032 型摇臂钻床时，要特别注意人身安全与设备安全。

【任务目标】

1）能正确熟练操作 Z3032 型摇臂钻床。

2）熟练掌握 Z3032 型摇臂钻床的工作原理及工作过程。

3）培养学生安全操作、规范操作、文明生产的行为习惯。

【使用材料、工具与方法】

本任务主要使用的方法是自我学习和现场操作，根据任务的目标结合材料及工具，完成本任务的相关要求。材料及工具详见表 4-3。

表 4-3 使用的材料及工具清单

序号	材料及工具名称	数量	备注
1	Z3032 型摇臂钻床	1 台	
2	Z3032 型摇臂钻床使用说明书	1 本	
3	螺钉旋具(一字、十字)	大小各 1 把	
4	安全防护(工作服及手套等)	1 套	

【知识链接】

1. 电气控制原理图

Z3032 型摇臂钻床的电气控制原理图包括两大部分，分为主电路和控制电路。主电路是电动机电源部分组成，控制电路是电动机控制回路、信号等电路。具体电气控制原理图如图 4-4 所示。

在读电气原理图时，首先看图名，确认是什么设备的原理图；其次看主电路部分；最后看控制电路部分。一般原理图上方或者下方标有数字“1，2，3，…”，这是原理图区域编号，便于读者检索原理图，方便阅读和分析。在原理图的上方或者下方标有的“电源开关”等字样，是说明相对应的区域的元器件或者电路的功能，可以帮助读者快速确定相关元器件和电路的功能，便于理解和分析电路的工作原理。

2. 主电路分析

该钻床的主电路如图 4-5 所示，其主电路由 3 台电动机组成。其中 M1 为主轴电动机，能正反转控制；M2 为摇臂升降电动机；M3 为冷却泵电动机。电路中，SA1 为电源总开关，QF 为电源断路器；KM1、KM2 分别为控制主轴电动机 M1 的正、反转接触器；KM3、KM4 分别为摇臂升降电动机 M2 的上升、下降接触器；冷却泵电动机 M3 则用手动开关 SA2 进行控制；FR 为 M1 的过载保护。

3. 控制电路分析

控制电路的回路电源由控制变压器 TC 三组输出二次侧提供，分别是二次侧输出 110V 交流电、24V 交流电和 6V 交流电。对照电路原理图（图 4-6）和实物可以确认交流接触器的线圈控制电压是 110V，照明指示灯 EL 的工作电压是 24V，信号指示灯 HL2、HL3 和电源指示灯 HL1 的工作电压是 6V。

（1）主轴电动机的控制

合上 SA1，则电源指示灯 HL1 及按钮指示灯 HL2、HL3 亮。按正转按钮 SB2（或反转按钮 SB3），交流接触器 KM1 吸合并自锁、互锁触头 KM1 断开（或 KM2 吸合并自锁、互锁触头 KM2 断开），主轴电动机 M1 正转（或反转），指示灯 HL2（或 HL3）熄灭。按下按钮 SB4，KM1 释放，主轴电动机 M1 停转。为了防止主轴电动机长时间过载运行，电路中设置有热继电器 FR，其整定值根据主轴电动机 M1 的额定电流进行调整。

（2）摇臂升降电动机 M2 的控制

首先将摇臂夹紧手柄松开，此时微动开关 SQ1 压下触头闭合，按上升（或下降）按钮 SB5（或 SB6），交流接触器 KM3 得电吸合，自锁触头 KM3 断开（或 KM4 吸合，自锁触头 KM3 断开），升降电动机 M2 旋转，带动摇臂上升（或下降）。

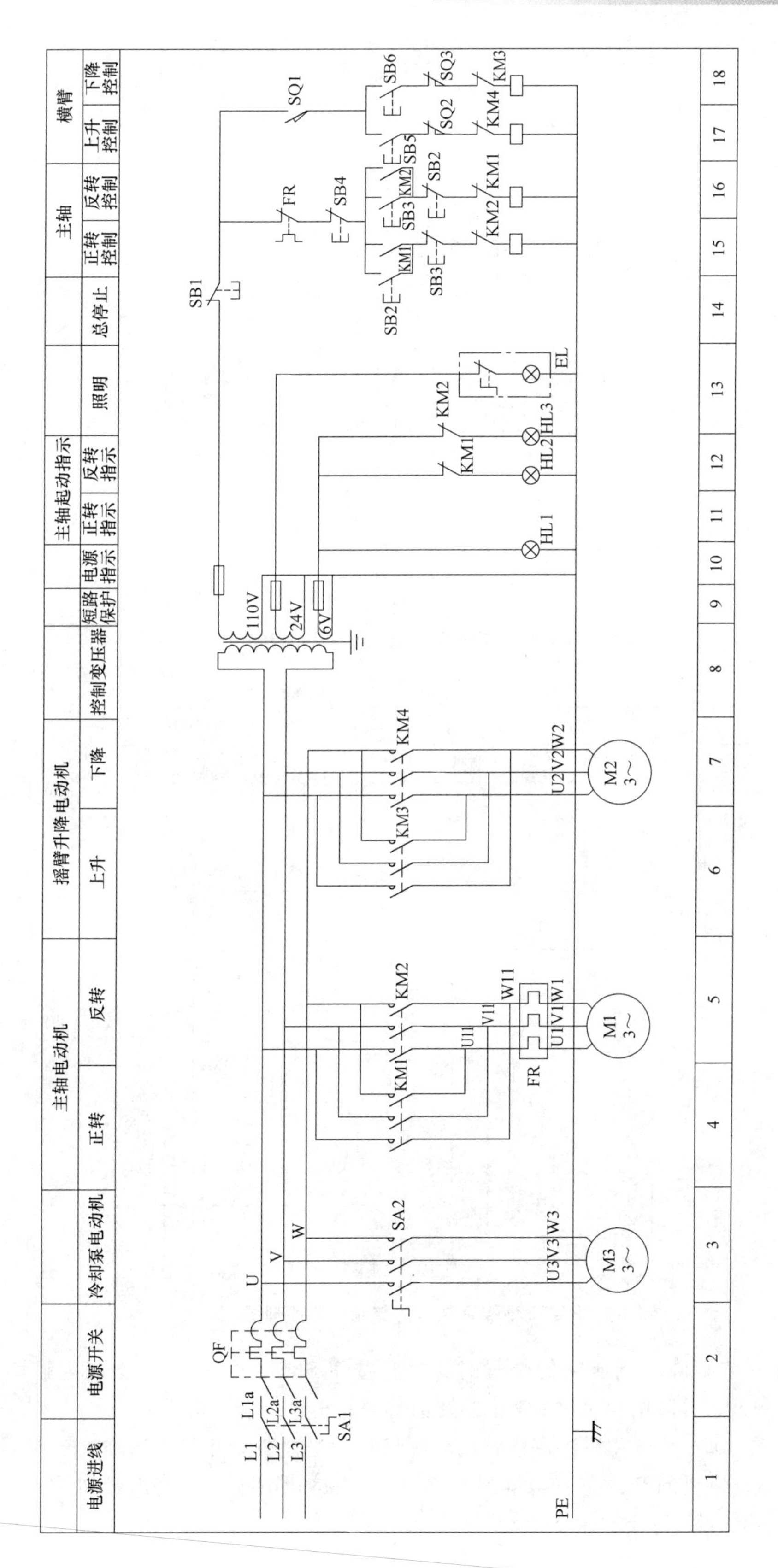

图 4-4 Z3032 型摇臂钻床电气控制原理图

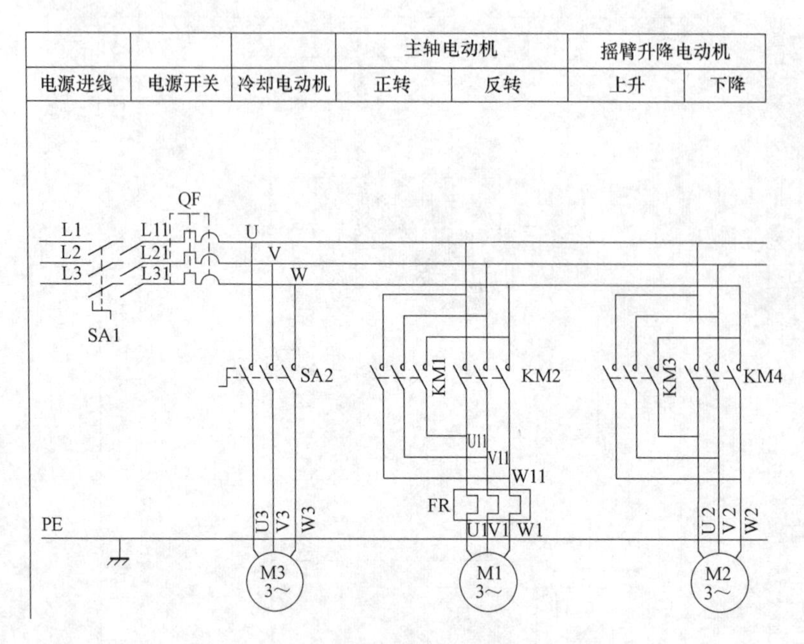

图 4-5　Z3032 型摇臂钻床的主电路原理图

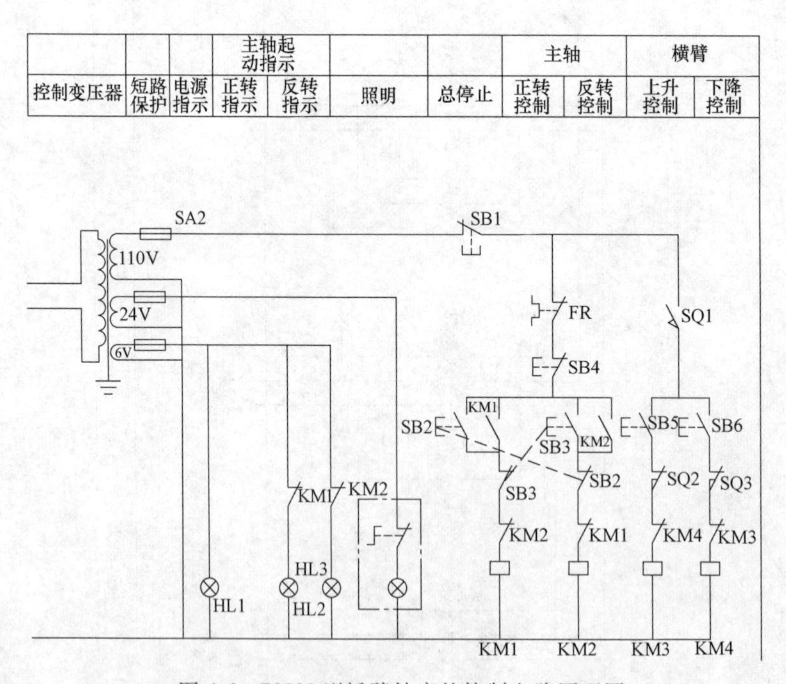

图 4-6　Z3032 型摇臂钻床的控制电路原理图

当摇臂上升（或下降）到所需的位置时，松开按钮 SB5（或 SB6），交流接触器 KM3（或 KM4）失电释放，升降电动机 M2 停止旋转摇臂停止上升（或下降）。

升降限位开关 SQ2、SQ3 用来限制摇臂的升降行程，当摇臂上升（或下降）到极限位置时，SQ2（或 SQ3）触头断开，交流接触器 KM3（或 KM4）断电，升降电动机 M2 停止旋转，摇臂停止升降。

（3）冷却泵电动机控制

由于冷却泵电动机 M3 的功率很小，故由开关 SA2 直接起动和停止。

（4）照明、信号灯电路分析

在电路中的控制变压器 TC 有 3 个二次侧，分别输出 110V、输出 24V 和输出 6V，作为交流接触器的线圈控制电压、照明指示灯和信号灯的电源。其中 HL1 是电源指示灯，HL2 是主轴电动机正转指示灯，HL3 是主轴电动机反转指示灯，接入 6V 电源回路。EL 是照明指示灯，接入的是 24V 电源回路，由按钮 SB1 控制。

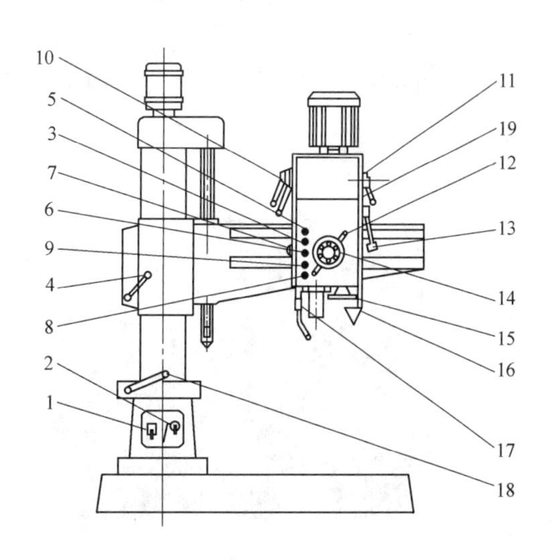

图 4-7 Z3032 型摇臂钻床的操作部位示意图
1—总电源开关 2—冷却泵开关 3—摇臂下降按钮 4—摇臂夹紧手柄 5—摇臂上升按钮 6—主轴电动机停止按钮 7—总停按钮 8—主轴反转按钮 9—主轴正转按钮 10—主轴变速手柄 11—进给变速手柄 12—主轴移动手柄 13—主轴箱夹紧手柄 14—主轴箱移动手轮 15—微动进给手轮 16—照明灯开关 17—冷却液开关 18—立柱夹紧手柄 19—油标

【任务实施】

Z3032 型摇臂钻床的操作部位示意图如图 4-7 所示。

1. 机床的起动

接通总电源开关，机床得电，为各部操作做好准备。总电源开关和冷却泵开关如图 4-8 所示。

2. 主轴正反转及停止

按下主轴正转按钮，主轴顺时针转动；按下主轴电动机停止按钮，主轴停止转动；按下主轴反转按钮，主轴逆时针转动。主轴正反转及停止按钮如图 4-9 所示。

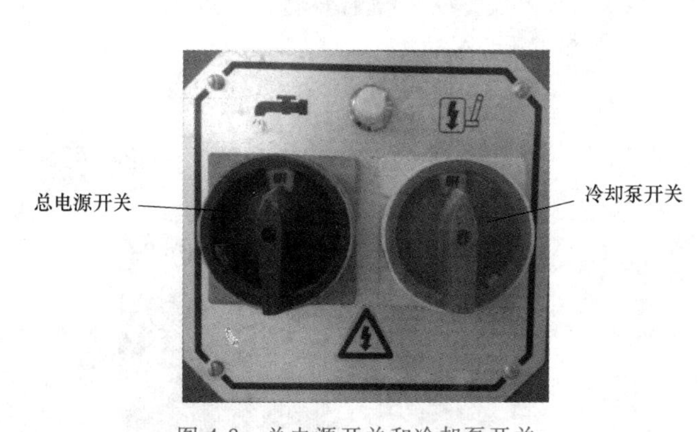

图 4-8 总电源开关和冷却泵开关

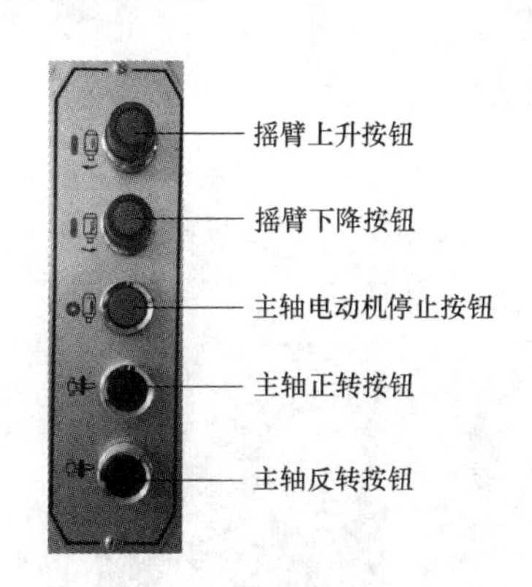

图 4-9 主轴正反转及停止按钮

3. 主轴变速

操作主轴变速手柄，将手柄扳到标牌上所需要的转速位置，再按下主轴正、反转按钮，主轴即顺时针或逆时针转动。主轴变速手柄如图 4-10 所示。

4. 进给变速

操作进给变速手柄，将手柄扳到标牌上所需要的进给量位置，即可进给变速。进给变速手柄如图 4-11 所示。

5. 主轴空档

将主轴变速手柄扳到“0”位，即可用手轻便地转动主轴。需要注意的是，变速前必须停车。

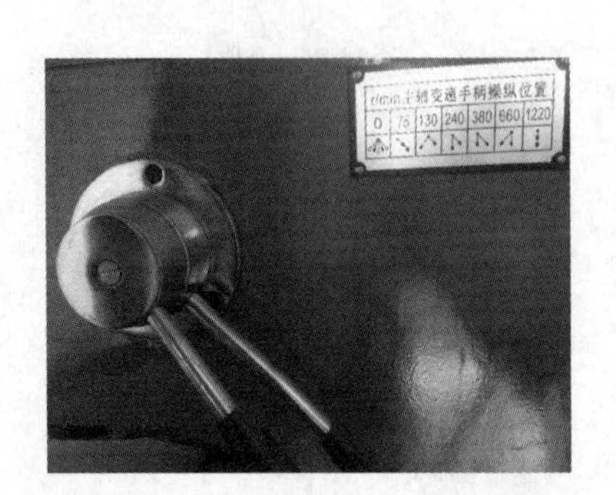

图 4-10　主轴变速手柄

图 4-11　进给变速手柄

6. 主轴的进给

机动进给：将手柄向外拉出，主轴即可自动进给，如图 4-12 所示。

图 4-12　主轴自动进给

手动进给：将手柄向里推进，并转动手柄，可带动主轴向上或向下进给。

微动进给：将进给变速手柄 11 扳到“0”位，再将手柄向外拉出，转动手轮即可微动进给，如图 4-13、图 4-14 所示。

图 4-13　手柄微动进给

图 4-14　手轮微动进给

【任务评价】

至此，任务二的基本任务已经学习和操作完毕，学习和操作效果可按照表 4-4 进行测试。

表 4-4　操作机床评价表

姓名		开始时间			
班级		结束时间			
项目内容	评分标准		扣分	自评	互评
起动设备前是否做好准备工作					
能否正常起动 Z3032 型摇臂钻床的主轴					
能否操作工作台，能否进行进给					
是否具有安全操作意识					
教师点评		成绩（教师）			

【任务拓展】

1. 摇臂钻床简介

主轴箱可在摇臂上左右移动，并随摇臂绕立柱回转±180°的钻床。摇臂还可沿外柱上下升降，以适应加工不同高度的工件。较小的工件可安装在工作台上，较大的工件可直接放在机床底座或地面上。摇臂钻床广泛应用于单件和中小批生产中，加工体积和重量较大的工件的孔。摇臂钻床的加工范围广，可用来钻削大型工件的各种螺钉孔、螺纹底孔和油孔等。摇臂钻床的主要类型有滑座式和万向式两种。滑座式摇臂钻床是将基本型摇臂钻床的底座改成滑座而形成，滑座可沿床身导轨移动，以扩大加工范围，适用于锅炉、桥梁、机车车辆和造船等行业。万向式摇臂钻床的摇臂除可作垂直和回转运动外，并可作水平移动，主轴箱可在摇臂上作倾斜调整，以适应工件各部位的加工。此外，还有车式、壁式和数字控制摇臂钻床等。

目前国内较大的摇臂钻床生产厂家主要有沈阳中捷机床、沈阳机床集团、山东鲁南精机和山东滕州翔宇机床有限公司等。

2. 摇臂钻床安全操作规程

1）工作前对所用钻床和工卡量具进行全面检查，确认无误后方可工作。

2）严禁戴手套操作，女生发辫应绾在帽子内。

3）工件装夹必须牢固可靠。钻小件时，应用工具夹持，不准用手拿着工件。

4）使用自动走刀时，要选好进给速度，调整好行程限位块。手动进刀时，一般按照逐渐增压和逐渐减压原则进行，以免用力过猛造成事故。

5）钻头上绕有长铁屑时，要停车清除。禁止用风吹、用手拉，要用刷子或铁钩清除。

6）精铰深孔时，拔取圆器和销棒，不可用力过猛，以免手撞在刀具上。

7）不准在旋转的刀具下，翻转、卡压或测量工件。手不准触摸旋转的刀具。

8）使用摇臂钻床时，横臂回转范围内不准有障碍物。工作前，横臂必须夹紧。

9）横臂和工作台上不准存放物品，工件必须按规定夹紧，以防工件移位造成重大人身伤害事故和设备事故。

10）工作结束时，将横臂降到最低位置，主轴箱靠近立柱，并且都要夹紧。

3. 摇臂钻床的日常保养

1）清洗机床外表及死角，拆洗各罩盖，要求内外清洁、无锈蚀、无油污，漆见本色铁见光；清洗导轨面及清除工作台面毛刺；检查补齐螺钉、手球、手板，检查各手柄灵活可靠性。

2）摇臂钻床主轴进刀箱保养：检查油质，保持良好，油量符合要求；清除主轴锥孔毛刺；清洗液压变速系统、滤油网，调整油压。

4. 摇臂钻床的检查

（1）摇臂钻床摇臂及升降夹紧机构检查：检查调整升降机构和夹紧机构达到灵敏可靠。

（2）摇臂钻床润滑系统检查：清洗油毡，要求油杯齐全、油路畅通、油窗明亮。

（3）摇臂钻床冷却系统检查

1）清洗冷却泵、过滤器及切削液槽。

2）检查切削液管路，要求无漏水现象。

（4）摇臂钻床电器系统检查

1）清扫电动机及电气控制箱内外尘土。

2）关闭电源，打开电器门盖，检查电器接头和电器元件是否有松动、老化。

3）检查限位开关是否工作正常（需要通电检查，注意安全）。

4）开门断电是否起到作用。

5）检查液压系统是否正常，有无漏油现象。

6）各电气控制开关是否正常。

【思考与练习】

请简述 Z3032 型摇臂钻床主轴电动机的控制过程。

任务三　Z3032 型摇臂钻床电气控制系统一般故障排除及调试

【任务描述】

小苗经过 1 天的时间已了解 Z3032 型摇臂钻床的功能、结构并且能正确熟练地操作 Z3032 型摇臂钻床了。第二天，车间主任给他布置了新任务：工厂里另有两台 Z3032 摇臂钻床已无法正常工作了，要求小苗完成故障的排除，并进行调试。

【任务目标】

1. 掌握 Z3032 型摇臂钻床电气控制系统的一般故障排除方法。
2. 掌握 Z3032 型摇臂钻床故障排除后的调试过程及方法。
3. 学会维修工作票的使用。
4. 培养学生安全操作，规范操作，文明生产的行为习惯。

【使用材料、工具与方法】

本任务主要使用的方法是自我学习和现场操作，根据任务的目标结合材料及工具，完成本任务的相关要求。材料及工具详见表 4-5。

表 4-5　使用的材料及工具清单

序号	材料及工具名称	数量	备注
1	Z3032 型摇臂钻床	1 台	
2	Z3032 型摇臂钻床使用说明书	1 本	
3	大小号螺钉旋具(一字、十字)	各 1 把	
4	活扳手、套筒扳手等	1 套	
5	万用表	1 个	
6	剥线钳	1 把	
7	尖嘴钳	1 把	
8	电烙铁、焊锡等	1 套	
9	Z3032 型摇臂钻床清单相关备件	若干	
10	电线等	若干	
11	安全防护(工作服及手套等)	1 套	

【知识链接】

1. 常见易损件

机床中有很多器件是高速运转，并且与运动物体紧密接触的，是有一定寿命期限的。机床正常运行一段时间后，这些器件的磨损会导致机床出现一些故障，这时就要进行更换。易损件清单见表 4-6。

表 4-6　易损件一览表（部分）

<table>
<tr><th rowspan="2">序号</th><th rowspan="2" colspan="2">规格与型号</th><th rowspan="2">名称</th><th colspan="2">数量/件</th></tr>
<tr><th>Z3025</th><th>Z3028</th></tr>
<tr><td>1</td><td colspan="2">3200011</td><td>箱型工作台</td><td>1</td><td>1</td></tr>
<tr><td>2</td><td colspan="2">20301C</td><td>卸刀扳手</td><td>1</td><td></td></tr>
<tr><td>3</td><td>M16</td><td rowspan="2">J11-1</td><td rowspan="2">精六角螺母</td><td rowspan="2">4</td><td rowspan="2">4</td></tr>
<tr><td>4</td><td>M20</td></tr>
<tr><td>5</td><td colspan="2">M20;J11-3</td><td>精六角特厚螺母</td><td>4</td><td>4</td></tr>
<tr><td>6</td><td colspan="2">M20×400;J23-8</td><td>地角螺母</td><td>4</td><td>4</td></tr>
<tr><td>7</td><td>M16×70</td><td rowspan="2">J29-1</td><td rowspan="2">T 形槽用螺栓</td><td rowspan="2">4</td><td rowspan="2">4</td></tr>
<tr><td>8</td><td>M20×100</td></tr>
<tr><td>9</td><td colspan="2">GB/T 308. 1—2013</td><td>钢球</td><td>6</td><td>6</td></tr>
<tr><td>10</td><td>16</td><td rowspan="2">J51-1</td><td rowspan="2">精垫圈</td><td>4</td><td>4</td></tr>
<tr><td>11</td><td>20</td><td>8</td><td>8</td></tr>
<tr><td>12</td><td>3</td><td rowspan="2">SZ3381-1</td><td rowspan="2">退刀楔</td><td>1</td><td></td></tr>
<tr><td>13</td><td>4</td><td></td><td>1</td></tr>
<tr><td>14</td><td colspan="2">18;SZ3381-2</td><td>卸刀扳手</td><td></td><td>1</td></tr>
<tr><td>15</td><td colspan="2">20×35;G51-7</td><td>U 形橡胶密封圈</td><td>1</td><td>1</td></tr>
<tr><td>16</td><td colspan="2">40×60;G51-7</td><td>U 形橡胶密封圈</td><td>1</td><td>1</td></tr>
</table>

2. 维修工作票

表 4-7 为本任务给定的维修工作票。

表 4-7　维修工作票

设备编号	
工作任务	根据“Z3032 型摇臂钻床电气控制原理图”完成电气线路故障检测与排除
工作时间	
工作条件	检测及排除故障过程:停电观察故障现象和排除故障后试机:通电
工作许可人签名	
维修要求	1. 工作许可人签名后方可进行检修 2. 对电气线路进行检测,确定线路的故障点并排除 3. 严格遵守电工操作安全规程 4. 不得擅自改变原线路接线,不得更改电路和元器件位置 5. 完成检修后能使该机床正常工作
故障现象描述	
故障检测和排除过程	
故障点描述	

3. 常见的电气故障

Z3032 型摇臂钻床常见故障分析与排除方法见表 4-8。

表 4-8　Z3032 型摇臂钻床常见故障分析与排除方法

故障现象	原因分析	排除方法
主轴和外表面有漏油现象	油箱内的油充填过多,从轴承座的上面漏出	
壳体丝杠处漏油	油池中注油过多,多余的油从丝杠上的轴承处泄漏出来	按油标上的标注量进行注油,不应超过中心标记
主轴箱夹不紧	主轴箱与摇臂结合的 55°导轨面配合间隙大;主轴箱夹紧块位置不对;夹紧油缸与制动架结合处泄油或油管处漏油;菱形块过盈量不够,不能使之立起而自锁	调整螺钉,使之配合的 55°导轨面不应大于 0.04mm 的间隙(用 0.04mm 的塞尺检查);在松开状态下,松开螺钉调整夹紧块到适合位置再紧固螺钉
按主轴箱松开按钮后,移动主轴箱时较沉或者移不动	螺钉松开,当移动主轴箱时夹紧块也跟着移动,使夹紧块与导轨面间隙减少,影响主轴箱移动 移动主轴箱时感到沉,可检查压板上的滚动轴承是否损坏	检查夹紧块上的螺钉是否松动,更换压板上的滚动轴承(25×62×10;305)
立柱夹不紧	弹簧板上的螺钉调得太多,使立柱抬得太多,菱形块夹紧机构不能使内外柱结合的锥面夹紧;调整螺母调得不得当,使杠杆与壳体之间产生间隙;液压系统中的压力油太少,不能推动液压缸里的活塞,使菱形块不能处于夹紧的位置	重新调整弹簧板上的螺钉,但要保证摇臂松开时的作用力,再调整柱顶上的螺母使其夹紧力达到 1568N(在摇臂末端的推力),再用螺钉锁紧螺母;如果立柱松开时较轻,要调整螺母,减少杠杆与壳体间的间隙,再将其上面的螺母中的 4 个螺钉紧固;调整液压系统中的压力油保证在(245~291)$\times10^6$Pa 或更换油池中的机油

（续）

故障现象	原因分析	排除方法
摇臂夹不紧	螺钉调整不当，摇臂在夹紧状态时与外柱配合处有间隙；限位开关安装距活塞杆较近，活塞杆还没到加紧位置就已经碰到开关，使液压泵电动机停止供油	拆下侧盖，松开锁紧螺母或再调整螺母，既要保证摇臂在加紧时 0.04mm 塞尺不能塞入，又要保证菱形块能立起并自锁；在夹紧状态下，调整限位开关的位置，使限位开关的常闭触头断开，又要使菱形块处于夹紧位置，菱形块部分要参照主轴箱夹紧机构

【任务实施】

车间主任告诉小苗，在工作车间中有一台摇臂钻床故障不能正常工作，现将该任务下发给小苗，让小苗对这台无法正常工作的钻床排故，排故完成后调试该钻床。

小苗来到机床旁，打开电源，并开始观察这台设备的故障现象。

1. 观察故障现象

按下 SA1 接通摇臂钻床总电源，电源指示灯 HL1 亮，信号指示灯 HL2 和 HL3 亮。按下主轴正转起动按钮 SB2，主轴电动机不动作，按下反转起动按钮 SB3，主轴电动机逆时针旋转，正转指示灯 HL2 熄灭，反转指示灯 HL3 点亮。主轴反转运行过程中，按下主轴电动机停止按钮 SB4，主轴电动机 M1 停止，其余功能都正常。

2. 填写维修工作票

“故障现象描述”一栏填写“主轴电动机正转无法正常运行”。

3. 故障分析

通上电源后，电源指示灯 HL1 亮，信号指示灯 HL2 和 HL3 亮。主轴电动机正转无法运行，反转正常。上述现象说明问题可能出在两个方面，即主电路或控制电路。主电路分析：KM1 得电后其主触头无法吸合；控制电路分析：按下 SB2 后，查看继电器 KM1 线圈是否得电，若 KM1 吸合，则为主电路 KM1 主触头故障，若 KM1 不吸合则断电并人为使 KM1 吸合，然后依次测量 SB2 常开触头、KM1 常开辅助触头、SB3 常闭触头和 KM2 常闭辅助触头等路径及接触器或触点的好坏。

4. 故障检测方法：电阻法（数字万用表）

电阻检测法是用万用表的电阻档去检测所要测量一段电路路径的电阻值。如果该路径是通路，则电阻值接近 0Ω，如果该是开路，则电阻值无穷大。在使用电阻法检测故障点时，必须在断电状态下操作。

检测的具体步骤如下：

1）先确认设备已经断电。

2）检查万用表的表笔是否正确插入万用表插孔，把档位旋转到 200Ω 电阻档。

3）使用二分法检测。把万用表的一支表笔（黑表笔或红表笔）搭在所分析故障路径的起始一端（或末端）。红表笔搭在交流接触器 KM1 线圈的接线端子（0），黑表笔搭在按钮 SB2 的接线端子（9）。如果万用表测量电阻值显示“1”，则表示是开路；否则，如果测量值接近 0 则是通路。（注意：在测量路径上有线圈时，有可能阻值大于 200Ω 时，超出量程万用表将显示“1”）。

4）依次测量 SB2 常开触头、KM1 常开辅助触头、SB3 常闭触头、KM2 常闭辅助触头、KM1 线圈等路径，查到故障点在 KM1 线圈（15）与（0）线路径之间，故障类型为开路。

5. 故障排除

经过上述检查，查到故障点为 KM1 线圈与 0 线之间断路，查看得知交流接触器 KM1 的线圈触头由于长时间动作出现松动现象，导致接触不良，只要用螺钉旋具拧紧该电线就可以。

6. 填写维修工作票

填写的方法及内容详见表 4-9。

表 4-9 维修工作票

设备编号	填写这台设备在本企业的编号
工作任务	根据“Z3032 型摇臂钻床电气控制原理图”完成电气线路故障检测与排除
工作时间	填写工作起止时间，例：自 2016 年 10 月 22 日 14 时 00 分至 2016 年 10 月 22 日 15 时 30 分
工作条件	检测及排除故障过程：停电观察故障现象和排除故障后试机：通电
工作许可人签名	车间主任签名（例）
维修要求	1. 在工作许可人签名后方可进行检修 2. 对电气线路进行检测，确定线路的故障点并排除 3. 严格遵守电工操作安全规程 4. 不得擅自改变原线路接线，不得更改电路和元器件位置 5. 完成检修后能使该机床正常工作
故障现象描述	主轴电动机正转无法正常运行，反转正常，停止正常
故障检测和排除过程	用二分法，把万用表的一支表笔（黑表笔或红表笔）搭在所分析故障路径的起始一端（或末端），依次测量 SB2 常开触头、KM1 常开辅助触头、SB3 常闭触头、KM2 常闭辅助触头，KM1 线圈等路径，查到故障点在 KM1 线圈（15）与（0）线路径之间，即用万用表依次测量线号 9-0 或 11-0 或 13-0 或 15-0。故障类型为开路
故障点描述	交流接触器 KM1 的线圈触头由于长时间动作出现松动现象，导致接触不良

【任务评价】

至此，任务三的基本任务已经学习和操作完毕，具体的学习和操作效果可以按照表 4-10 进行测试。

表 4-10　摇臂钻床电气故障排除评价表

姓名		开始时间		
班级		结束时间		
项目内容	评分标准	扣分	自评	互评
在电气原理图上标出故障范围	不能准确标出或标错,扣 10 分			
按规定的步骤操作	错一次扣 10 分			
判断故障准确	错一次扣 10 分			
正确使用电工工具和仪表	损坏工具和仪表扣 50 分			
场地整洁,工具仪表摆放整齐	一项不符扣 5 分			
文明生产	违反安全生产的规定,违反一项扣 10 分			
教师点评		成绩(教师)		

【思考与练习】

1. 请简述该摇臂钻床排除故障的方法及过程。
2. 如果电源指示灯不亮，请问是什么原因？

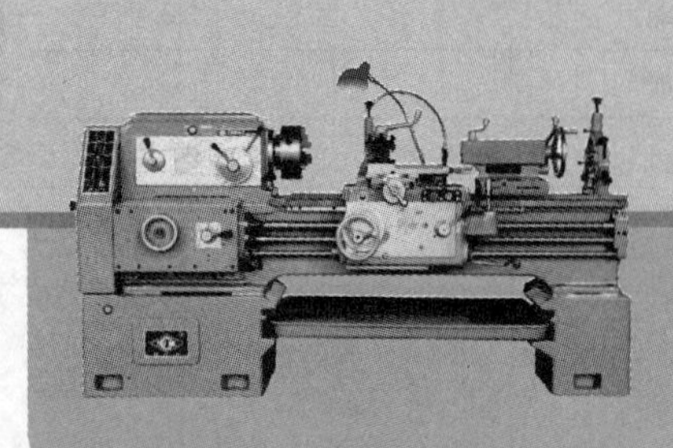

项目五

T68型镗床的电气调试及故障排除

【工作场景】

小吴刚从某职高毕业，通过自己的努力，在某个机械加工厂找了份工作。有一次公司交给他一个任务，在一个机械工件上加工一个孔，这就需要用到镗孔的设备——T68 型镗床。当他接触到操作设备的时候遇到了困难，T68 型镗床此前他没有接触过，对操作方法也是一窍不通，所以他就请教了工厂里的技术人员，技术人员给他讲解了 T68 型镗床的相关操作方法和电气故障排除方法。在接下来的几天里，小吴在技术人员的指导下，对 T68 型镗床的相关知识进行了学习。图 5-1 所示为 T68 型镗床的实物图。

图 5-1　T68 型镗床实物图

【学习目标】

1）了解 T68 型镗床的功能、结构和运动形式。

2）能正确熟练操作 T68 型镗床。

3）掌握 T68 型镗床电气控制系统的一般故障排除及排除后的调试。

4）培养学生安全操作、规范操作、文明生产的行为习惯。

任务一 认识 T68 型镗床

【任务描述】

技术人员首先拿出 T68 型镗床的使用说明书，参考使用说明书，给小吴大致讲解了 T68 型镗床的结构、功能等，然后他给小吴布置了一个任务：仔细研究 T68 型镗床的结构、功能以及运动形式。

【任务目标】

1）了解 T68 型镗床的功能。

2）了解 T68 型镗床的结构。

3）了解 T68 型镗床的运动形式。

【使用材料、工具与方法】

本任务主要使用的方法是自我学习，根据任务的目标结合材料及工具，完成本任务的相关要求。材料及工具详见表 5-1。

表 5-1 使用的材料及工具清单

序号	材料及工具名称	数量	备注
1	T68 型镗床	1 台	
2	T68 型镗床使用说明书	1 本	

【知识链接】

1. T68 型镗床的主要用途与适用范围

镗床是一种精密加工机床，主要用于加工精确度要求较高的孔和孔间距离要求较为精确的零件。镗床可分为卧式镗床、坐标镗床、双柱式坐标镗床、金刚镗床、深孔钻镗床和落地镗床等。常用的是卧式镗床，它的镗刀主轴水平放置，是一种多用途的金属切削机床，不但能完成钻孔、镗孔等孔加工，而且能切削端面、内圆、外圆及铣平面等。

2. T68 型镗床的结构

T68 型镗床的型号意义如下：

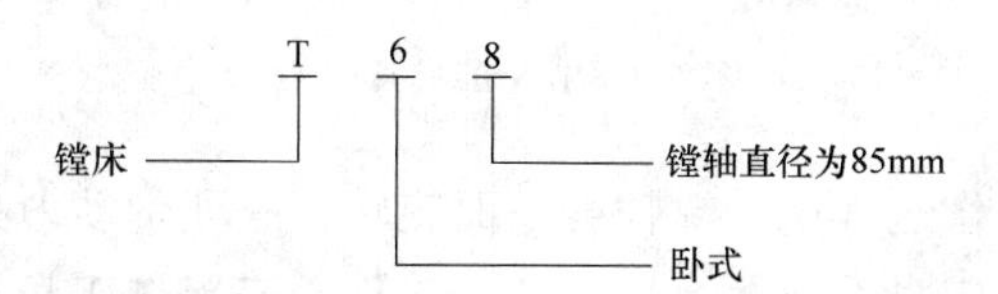

T68 卧式镗床主要由床身、支承架、前立柱、镗头架、工作台、平旋盘、径向刀架、后立柱和尾座等组成。T68 型镗床的结构如图 5-2 所示，T68 型镗床的铭牌如图 5-3 所示。

3. T68 型镗床的运动形式

T68 型镗床的前立柱固定在床身上，在前立柱上装有可上下移动的镗头架；切削刀具固

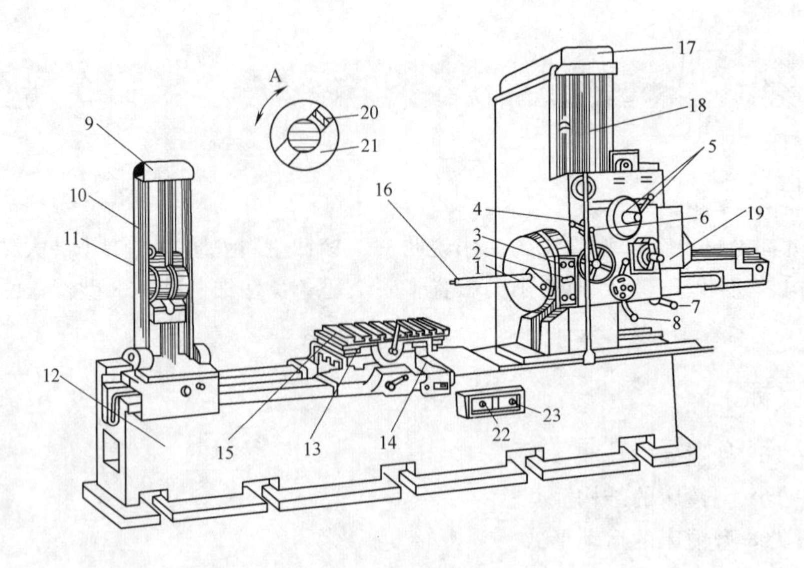

图 5-2 T68 型镗床的结构图

1—主轴点动按钮 2—主轴停止按钮 3—主轴起动按钮 4—进给快速移动操作手柄 5—主轴、主轴箱及工作台进给变速操纵手柄 6—主轴、主轴箱手动精确移动手柄 7—主轴箱夹紧手柄 8—主轴手动及自动进给换向手柄 9—后立柱 10—导轨 11—尾座 12—床身 13—上溜板 14—下溜板 15—工作台 16—镗轴 17—前立柱 18—导轨 19—镗头架 20—刀具溜板 21—花盘 22—电源开关 23—照明开关

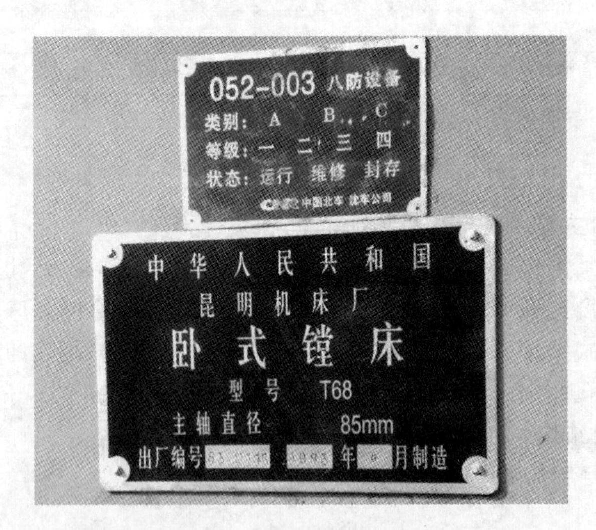

图 5-3 T68 型镗床铭牌

定在镗轴或平旋盘上；工作过程中，镗轴可一面旋转，一面带动刀具做轴向进给运动；后立柱在床身的另一端，可沿床身导轨做水平移动。工作台安置在床身导轨上，由下滑座及可转动的工作台组成，工作台可在平行于（纵向）或垂直于（横向）镗轴轴线的方向移动。

T68 型卧式镗床的主要运动形式有以下几种。

主运动：镗轴或平旋盘的旋转运动。镗刀装在镗轴前端的孔内或装在花盘的刀具溜板上，并可绕工作台中心回转。

进给运动：主轴和平旋盘的轴向进给，镗头架的垂直进给以及工作台的横向和纵向进给。

辅助运动：工作台的旋转运动、后立柱的水平移动和尾座的垂直移动。

图 5-4 所示为镗床的主要加工范围示意图。

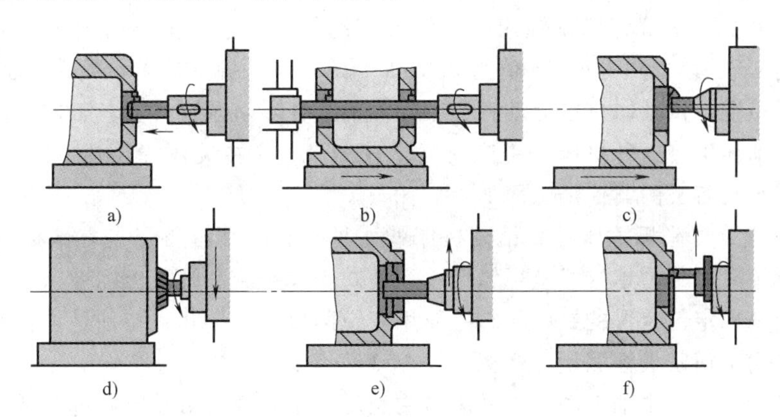

图 5-4　镗床的主要加工范围

【任务实施】

小吴拿到了使用说明书后，对照目录查看了一下 T68 型镗床的基本知识，之后结合 T68 型镗床进行了设备的熟悉和学习。

1. 请根据说明书的内容及前面所学，完成表 5-2。

表 5-2　图形文字说明表

文字符号	说明	文字符号	说明
T		6	
		8	

2. 请说明 T68 型镗床主运动的工作过程。

【任务评价】

本任务的评价主要参考任务实施中回答的题目来确定。

【任务拓展】

1. 镗床的发展历程

由于制造武器的需要，在 15 世纪就已经出现了水力驱动的炮筒镗床。1769 年，J · 瓦特取得实用蒸汽机专利后，气缸的加工精度就成了蒸汽机的关键问题。1774 年，J · 威尔金森发明炮筒镗床，次年用于加工瓦特蒸汽机气缸体。1776 年，他又制造了一台较为精确的气缸镗床。1880 年前后，在德国开始生产带前后立柱和工作台的卧式镗床。20 世纪初，由于钟表仪器制造业的发展，需要加工孔距误差较小的设备，在瑞士出现了坐标镗床。而为适应特大、特重工件的加工，20 世纪 30 年代发展了落地镗床。随着铣削工作量的增加，20 世纪50年代出现了落地镗铣床。为了提高镗床的定位精度，现已广泛采用光学读数头或数字显示装置。有些镗床还采用数字控制系统实现坐标定位和加工过程自动化。

2. 镗床的主要分类

镗床分为卧式镗床、坐标镗床、金刚镗床、深孔钻镗床和落地镗床等类型。

（1）卧式镗床　卧式镗床是镗床中应用最广泛的一种。它主要用于孔加工，镗孔尺寸公差等级可达IT7，表面粗糙度 *Ra* 值为0.8~1.6μm。卧式镗床的主参数为主轴直径。

镗轴水平布置并做轴向进给运动，主轴箱沿前立柱导轨垂直移动，工作台做纵向或横向运动，进行镗削加工。这种机床应用广泛且比较经济，它主要用于箱体（或支架）类零件的孔加工及其与孔有关的其他加工面加工。

（2）坐标镗床　坐标镗床是高精度机床的一种。它的结构特点是有坐标位置的精密测量装置。坐标镗床可分为单柱式坐标镗床、双柱式坐标镗床和卧式坐标镗床。

具有精密坐标定位装置的镗床，它主要用于镗削尺寸、形状，特别是位置精度要求较高的孔系，也可用于精密坐标测量、样板画线、刻度等工作。

单柱式坐标镗床：主轴带动刀具做旋转主运动，主轴套筒沿轴向做进给运动。它结构简单，操作方便，特别适宜加工板状零件的精密孔，但它的刚性较差，所以这种结构只适用于中小型坐标镗床。

双柱式坐标镗床：主轴上安装刀具做主运动，工件安装在工作台上随工作台沿床身导轨做纵向直线移动。它的刚性较好，大型坐标镗床都采用这种结构。双柱式坐标镗床的主参数为工作台面宽度。

卧式坐标镗床：工作台能在水平面内做旋转运动，进给运动可以由工作台纵向移动或主轴轴向移动来实现。它的加工精度较高。

（3）金刚镗床　用金刚石或硬质合金等刀具，进行精密镗孔的镗床。它的特点是以很小的进给量和很高的切削速度进行加工，因而加工的工件具有较高的尺寸公差等级（IT6），表面粗糙度值可达到0.2μm。

（4）深孔钻镗床　深孔钻镗床本身刚性强，精度保持好，主轴转速范围广，进给系统由交流伺服电动机驱动，能适应各种深孔加工工艺的需要。授油器紧固和工件顶紧采用液压装置，仪表显示、安全可靠。可选择下列几种工作形式：①工件旋转、刀具做旋转和往复进给运动，适用于钻孔和小直径镗孔；②工件旋转、刀具不旋转只做往复运动，适用于镗大直径孔和套料加工；③工件不旋转、刀具做旋转和往复进给运动，适用于复杂工件的钻孔和小直径的钻孔和小直径镗孔。

（5）落地镗床　工件安置在落地工作台上，立柱沿床身纵向或横向运动，适用于加工大型工件。

此外还有能进行铣削的铣镗床，或进行钻削的深孔钻镗床。

【思考与练习】

1. 请简述T68型镗床镗轴的动作过程。
2. 想一想：该机床应该怎样进行操作？

任务二　操作 T68 型镗床

【任务描述】

小吴认识了 T68 型镗床的基本知识后，技术人员，就给他先布置了第二个任务：操作 T68 型镗床。技术人员还特意提醒，在操作 T68 型镗床时要特别注意人身安全与设备安全。

【任务目标】

1）能正确熟练操作 T68 型镗床。

2）熟练掌握 T68 型镗床的工作原理及工作过程。

3）培养学生安全操作、规范操作、文明生产的行为习惯。

【使用材料、工具与方法】

本任务主要使用的方法是自我学习和现场操作，根据任务的目标结合材料及工具，完成本任务的相关要求。材料及工具详见表 5-3。

表 5-3　使用的材料及工具清单

序号	材料及工具名称	数量
1	T68 型镗床	1 台
2	T68 型镗床使用说明书	1 本
3	螺钉旋具(一字、十字)	大小各 1 把
4	安全防护(工作服、绝缘鞋及手套等)	1 套

【知识链接】

1. T68 型卧式镗床的主要电器元件

T68 型卧式镗床的电气部分由两台电动机、7 个交流接触器、一个时间继电器、一个热继电器、两个中间继电器、一个速度继电器以及若干个控制按钮组成。主要的电器元件明细表见表 5-4。

表 5-4　T68 型卧式镗床的电器元件明细表

代号	名称	型号及规格	数量	用途
KM1	交流接触器	CJ0—20B，线圈电压 110V	1 个	M1 正转接触器
KM2	交流接触器	CJ0—20B，线圈电压 110V	1 个	M1 反转接触器
KM3	交流接触器	CJ0—20B，线圈电压 110V	1 个	制动电阻 R 短接接触器
KM4	交流接触器	CJ0—20B，线圈电压 110V	1 个	M1 低速运转接触器
KM5	交流接触器	CJ0—20B，线圈电压 110V	1 个	M1 高速运转接触器
KM6	交流接触器	CJ0—20B，线圈电压 110V	1 个	M2 正转接触器
KM7	交流接触器	CJ0—20B，线圈电压 110V	1 个	M2 反转接触器
FU1	熔断器	BZ001，熔体 10A	3 个	总电路及主轴电动机 M1 短路保护熔断器

（续）

代号	名称	型号及规格	数量	用途
FU2	熔断器	BZ001，熔体 6A	3 个	快速移动电动机 M2、TC 一次侧短路保护熔断器
FU3	熔断器	BZ001，熔体 2A	1 个	控制回路短路保护熔断器
FU4	熔断器	BZ001，熔体 2A	1 个	照明电路短路保护熔断器
SQ	位置开关	JWM6—11	1 个	主轴电动机 M1 高低速选择行程开关
SQ1	位置开关	JWM6—11	1 个	工作台和镗头架自动进给手柄联动行程开关
SQ2	位置开关	JWM6—11	1 个	与主轴和平旋刀架自动进给手柄联动行程开关
SQ3	位置开关	JWM6—11	1 个	进给变速
SQ4	位置开关	JWM6—11	1 个	主轴进给变速
SQ5	位置开关	JWM6—11	1 个	进给变速
SQ6	位置开关	JWM6—11	1 个	主轴变速冲动
SQ7	位置开关	JWM6—11	1 个	电动机 M2 反向快速移动
SQ8	位置开关	JWM6—11	1 个	电动机 M2 正向快速移动
M1	电动机		1 台	主轴电动机，双速电动机
M2	电动机		1 台	快速移动电动机
QS1	断路器	AM2—40，20A	1 个	电源总开关
QS2	断路器	AM2—40，2A	1 个	照明电源开关
KA1	中间继电器		1 个	电动机 M1 正转
KA2	中间继电器		1 个	电动机 M1 反转
KS	速度继电器		1 个	KS1 主轴反转闭合，KS2 主轴正转断开，KS3 主轴正转闭合
KT	时间继电器		1 个	电动机 M1 低速到高速的切换
FR	热继电器	R16-20/3D，15.4A	1 个	M1 过载保护热继电器
TC	变压器		1 台	控制及照明变压器
HL	信号灯		1 个	电源信号灯
EL	照明灯		1 个	工作照明灯
SB1	按钮	LAY3—01ZS/1	1 个	停止按钮
SB2	按钮	LAY3—01ZS/1	1 个	电动机 M1 正转起动按钮
SB3	按钮	LAY3—01ZS/1	1 个	电动机 M1 反转起动按钮
SB4	按钮	LAY3—01ZS/1	1 个	电动机 M1 正转低速点动按钮
SB5	按钮	LAY3—01ZS/1	1 个	电动机 M1 反转低速点动按钮

2. T68 型卧式镗床电气控制线路分析

T68 型卧式镗床的电气控制线路分为主电路、控制电路和照明电路，如图 5-5 所示。

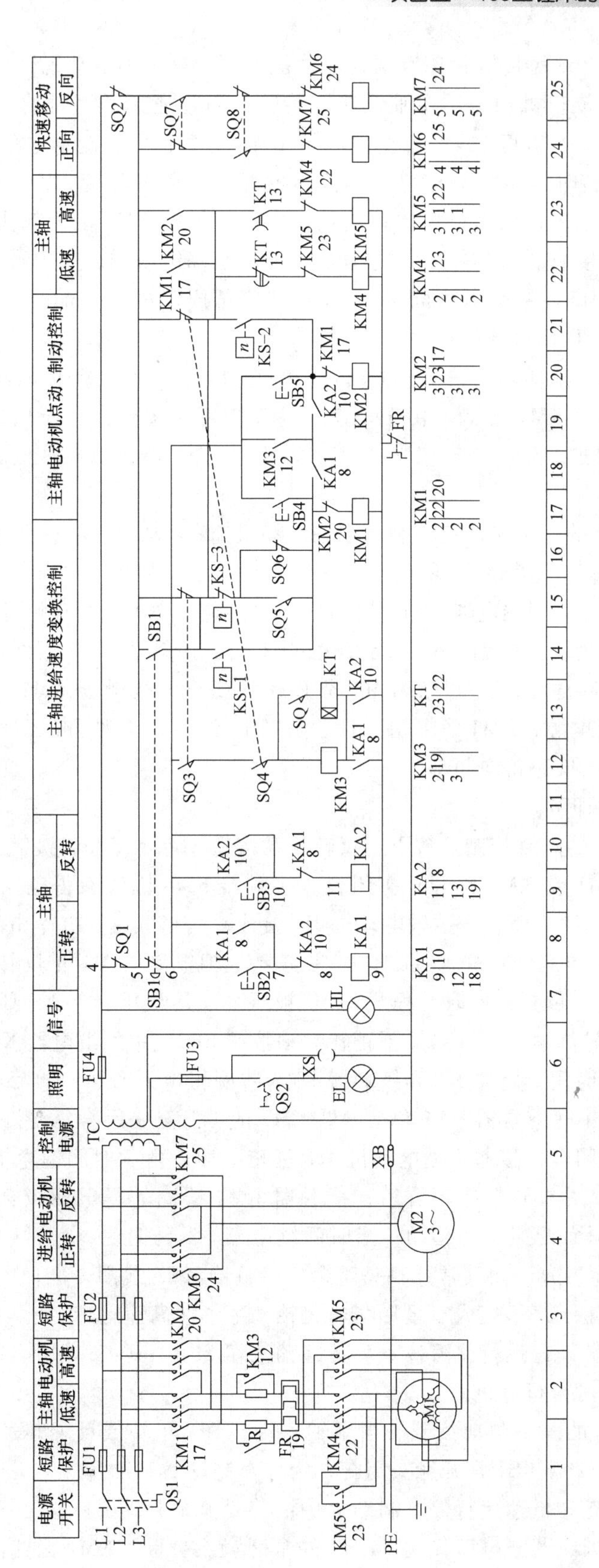

图 5-5　T68 型卧式镗床电气控制线路图

（1）主电路分析 T68型卧式镗床有两台电动机，一台是主轴电动机，采用双速异步电动机，它通过变速箱等传动机构带动主轴及花盘旋转，同时还带动润滑油泵。主轴电动机M1由接触器KM1、KM2控制其正反转，由接触器KM3的主触头和制动电阻R并联。当主轴电动机M1起动和运转时，接触器KM3将电阻R短接，电阻R不起作用。当反接制动时，为防止制动转矩和制动电流过大而损坏传动装置，所以接触器KM3的主触头断开，主电路中两相串入了电阻R。接触器KM4将主轴电动机M1定子绕组联结成三角形，M1可低速起动或运行；而接触器KM5将主轴电动机M1定子绕组联结成双星形，M1可高速运行。主轴电动机M1由热继电器FR作过载保护。

另一台电动机带动主轴的轴向进给、主轴箱的垂直进给、工作台的横向和纵向进给的快速移动，由接触器KM6、KM7控制。由于电动机M2为短时工作制，所以不设过载保护。由熔断器FU2作短路保护。

（2）主轴电动机的控制

1）主轴电动机M1的正反转低速控制。主轴电动机M1起动前，主轴变速行程开关SQ4和进给变速位置开关SQ3已被操纵手柄压合，它们的常闭触头断开，常开触头闭合。

正转时，按下SB2，中间继电器KA1因线圈得电而吸合，KA1常开触头闭合自锁，KA1常闭触头分断起联锁作用，另一副KA1的常开触头闭合，接触器KM3因线圈得电而吸合，KM3主触头闭合，将制动电阻R短接，KM3常开触头闭合，接触器KM1线圈得电吸合，KM1主触头闭合，接通电源，KM1常开触头闭合，KM4线圈得电吸合，KM4主触头闭合，电动机M1按三角形联结低速正向起动。

反转时只需按SB3即可。

2）主轴电动机M1的点动控制。按下正反转点动按钮SB4或SB5，接触器KM1或KM2因线圈得电而吸合，KM1或KM2常开触头闭合，接触器KM4因线圈得电而吸合，KM1或KM2的主触头和KM4主触头闭合，主轴电动机M1接成三角形联结，并串电阻R进行。

3）主轴电动机M1的正反转高速控制。如果需要主轴电动机M1正反转高速运行，可将调速手柄旋至“高速”位置，此时行程开关SQ被压合，其常开触头处于闭合状态。

主轴电动机M1正转高速运行：可按下正转起动按钮SB2，中间继电器KA1线圈得电吸合；其常开触头闭合使时间继电器KT和接触器KM3线圈得电而吸合，接触器KM3主触头闭合短接制动电阻R；中间继电器KA1和接触器KM3的常开触头闭合，使接触器KM1线圈得电而吸合，其主触头闭合，接通主轴电动机M1正转电源；由于时间继电器KT两副触头延时动作，当接触器KM1常开触头闭合后，接触器KM4线圈先得电而吸合，主轴电动机M1定子绕组接成三角形而低速正转起动；当时间继电器KT延时后，其常闭触头分断，接触器KM4线圈因失电而释放，而其常开触头闭合，接触器KM5线圈得电而吸合，其主触头闭合，主轴电动机M1定子绕组接成双星形高速运转，主轴便高速运转。

主轴电动机M1反转高速运行：可按下反转起动按钮SB3，其工作过程与正转高速运行的工作过程相似，读者可自行分析。

4）主轴电动机M1的停车制动控制。当主轴电动机M1正转或反转转速达到120r/min以上时，速度继电器KS2或KS1常开触头闭合，为停车制动做好准备。

以主轴电动机M1正转低速运行停车制动为例：若要停车制动，就按下SB1，中间继电器KA1和接触器KM3因线圈断电而释放，KM3的常开触头分断，KM1因线圈断电而释放，

KM1常开触头断开，KM4因线圈断电而释放，由于KM1和KM4主触头分断，主轴电动机M1断电做惯性运转。与此同时，接触器KM2和KM4因线圈得电而吸合，KM2和KM4主触头闭合，主轴电动机M1串接电阻R而反接制动，当速度下降到120r/min时，速度继电器KS2常开触头分断，接触器KM2和KM4因线圈断电而释放，停车反接制动结束。

速度继电器的另一副常开触头KS1在主轴电动机M1反转停车制动时起作用。主轴电动机M1反转低速运行时的制动过程与主轴电动机M1正转低速运行时的制动过程相似，可自行分析。

5）主轴电动机M1的高、低速转换控制。当主轴电动机M1处于高速运行时，若需要低速运行，可将调速手柄旋至“低速”位置，此时行程开关SQ被释放，其常开触头处于分断状态。时间继电器KT线圈失电，其常开和常闭触头瞬时复位，接触器KM5线圈失电，而接触器KM4线圈重新得电，主轴电动机M1定子绕组联结成三角形，经回馈制动后低速运行。

当主轴电动机M1处于低速运行时，若需要高速运行，可将调速手柄旋至“高速”位置，此时行程开关SQ被压合，其常开触头处于闭合状态。时间继电器KT线圈得电后开始延时，延时结束后其常闭触头断开，接触器KM4线圈失电，其各触头复位后使主轴电动机M1定子绕组三角形联结断开而处于惯性运转；其常开触头闭合，接触器KM5线圈得电，其主触头闭合后使主轴电动机M1定子绕组联结成双星形高速运行。

从以上分析可知，主轴电动机M1在低速或高速运行时，可以方便地转换到高速或低速运行状态。

6）主轴变速及进给变速控制。当主轴在正转时，若需要变速，可不必按停止按钮SB1。只要将主轴变速操纵盘的操作手柄拉出，与变速手柄有机械联系的行程开关SQ4不再受压而分断，KM3和KM4因线圈先失电而释放，主轴电动机M1断电做惯性运行，由于行程开关SQ4常闭触头闭合，KM2、KM4因线圈得电而吸合，主轴电动机M1串接电阻R而反接制动。当主轴电动机M1转速较低时，速度继电器KS2常开触头分断，这时便可转动变速操纵盘进行变速，变速后，将变速手柄推回到原位。SQ4重新压合，接触器KM3、KM1、KM4因线圈得电吸合，主轴电动机M1起动，主轴以新选定的速度运转。

变速时，因齿轮卡住而使手柄推不上时，此时变速冲动行程开关SQ6被压合（其常开触头闭合），速度继电器常闭触头KS3也已恢复闭合，接触器KM1线圈得电吸合，主轴电动机M1起动。当速度高于120r/min时，KS3又分断，KM1因线圈断电而释放，主轴电动机M1又断电。当速度降到120r/min时，KS3又恢复闭合，KM1因线圈得电而吸合，主轴电动机M1再次起动，重复动作，直到齿轮啮合后，方能推合变速操纵手柄，变速冲动结束。

进给变速控制与主轴变速控制过程基本相同，只是在进给变速时，拉出操纵手柄是进给变速操纵手柄，此时压合的行程开关是SQ5。

（3）快速移动电动机M2的控制　主轴的轴向进给、主轴箱的垂直进给（包括尾座）、工作台的纵向和横向进给等的快速移动，是由电动机M2通过齿轮、齿条等来完成的。将快速移动操纵手柄向里推动时，压合行程开关SQ8，接触器KM6得电而吸合，电动机M2正转起动，实现快速正向移动。将快速移操纵手柄向外拉时，压合行程开关SQ7，KM7因线圈得电而吸合，电动机M2反向快速移动。

(4) 安全保护联锁装置　为了防止在工作台或主轴箱自动快速进给时产生将主轴进给手柄扳到自动快速进给的误操作，采用与工作台和主轴箱进给手柄有机械连接的行程开关SQ2。当上述手柄扳在工作台（或主轴箱）自动快速进给位置时，SQ2被压合而分断。同样在主轴箱上还装有另一行程开关SQ1，它与主轴进给手柄有机械连接，当这个手柄动作时，SQ1也受压被分断。主轴电动机M1和进给电动机M2必须在行程开关SQ2和SQ1中有一个处于闭合状态时，才可以起动。如果工作台或主轴箱在自动进给位置（SQ2分断）时，再将主轴进给手柄扳到自动进给位置（SQ1也分断），主轴电动机M1和M2便都自动停转，从而达到联锁保护的目的。

(5) 照明电路分析　照明电路由降压变压器TC供给36V安全电压。EL为照明灯，由开关QS2控制。HL为电源指示灯，额定电压为110V。

T68卧式镗床电器位置分布如图5-6所示，其机床配电箱内控制板上的电器布置如图5-7所示。

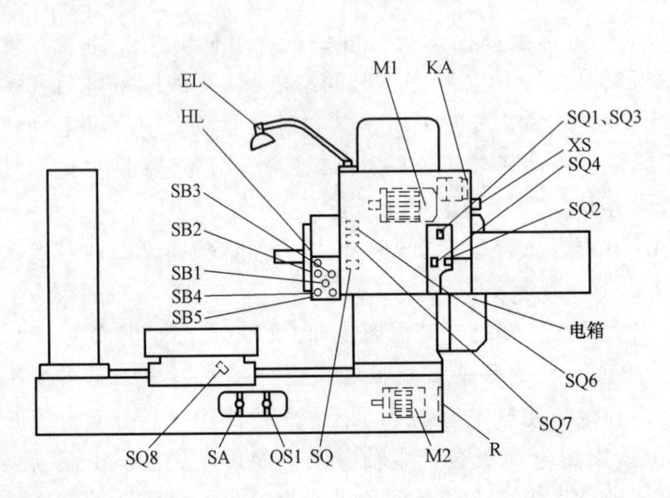

图5-6　T68型卧式镗床电器位置分布图

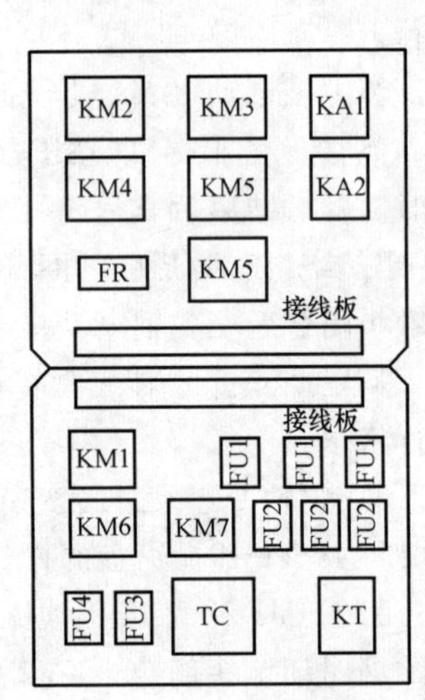

图5-7　T68型卧式镗床控制板上电器布置图

【任务评价】

至此，任务二的基本任务已经学习和操作完毕，学习和操作效果可按照表5-5进行测试。

表5-5　操作机床评价表

姓名		开始时间			
班级		结束时间			
项目内容	评分标准		扣分	自评	互评
起动设备前是否做好准备工作					
能否正常起动T68型镗床的主轴					
能否操作工作台，能否进行进给					
是否具有安全操作意识					
教师点评		成绩(教师)			

【任务拓展】

1. 镗床的安全注意事项

1）禁止超负荷使用设备。

2）机床开动后，操作人员不得远离机床或托人代管。

3）不得在机床上敲打物件。

4）非本机床操作者不得任意开动机床。

5）操作中不准将头部伸到孔内查看工件，以防挤伤。

6）装卸工件时，必须根据工件的重量和形状选用安全方法、方式和吊具。

7）机床各部的夹紧装置，在部件不运动时应将其夹紧，操作调整时，要先松开夹紧机构。

8）工作完毕，工具、刀杆、刀具要码放整齐，工作台面要移至各导轨的中间部位。

2. 镗床的操作注意事项

1）根据工件的材料、大小、形状和技术要求合理选择装夹方法、刀具及切削量。

2）变速要停车。

3）操作设备时，用力要适当，不得猛力使用各手柄。

4）在移动主轴箱，主轴工作台上滑座、下滑座或后立柱前，必须松开夹紧装置，并保证其滑动面和丝杠齿条的清洁和润滑良好。

5）不得在镗杆和花盘转动中反车制动。

6）切削过程中，刀具未退开工件前不得停车。

7）工作中要经常注意观察设备的润滑和运行情况，发现异常立即停机。

8）装夹要件时，其重量必须均匀分布在工件台面上，禁止压力集中现象。

9）注意导轨清洁。

10）使用花盘转动前，检查上、下、前、后及周围是否有障碍物，转动要把盘夹紧。

11）辐射板走刀时，不准超过限位。

12）用尾座时，杠杆必须找水平方可使用。

13）车头杆在接刀杆时，必须把接触面擦干净。

14）严禁用镗杆顶工件找正。

15）禁止在镗杆锥孔内，安装与其锥度不符合或锥面有划痕、不清洁的刀具。装刀具时禁止用锤子猛击，刀杆稍不得高于镗杆外圆表面。

16）用刀盘加工时，工作底面必须清扫干净，毛坯面需向下时必须垫平铁或槽铁，再把工件压紧。

3. 镗床润滑规程

1）设备润滑五定：定点、定时、定质、定量、定人。

2）必须按“五定图表”进行润滑。

3）不准漏掉一个加油点，不准超时加换油脂，不准任意减少加油量。

4）必须按规定加换油脂，非经机动部润滑专业人员同意，不得代用。

5）设备润滑出现问题或所用油质乳化等要及时提供给相关领导，决不允许用变质的油作润滑油。

6）所用油桶、油具、加油点必须清洁，油路必须畅通，严禁堵塞。

7）擦拭材料必须柔软清洁，液压缸内壁、活塞、活塞杆及其各类液压阀门必须按时擦洗。

8）如发生“跑、冒、滴、漏”现象，严重影响各部润滑，必须上报有关人员。

【思考与练习】

1. 请简述 T68 型镗床主轴电动机的控制过程。

2. 想一想：现需要用 T68 型镗床进行工件的加工，请问操作步骤一共有几步？机床应该怎样进行操作？

任务三　T68 型镗床电气控制系统的一般故障排除及调试

【任务描述】

小吴经过一天的时间已了解 T68 型镗床的功能、结构，并且能正确熟练地操作 T68 型镗床了。第二天，技术人员给他布置了第 3 个任务：车间里有台 T68 型镗床无法正常工作了，要求小吴完成故障的排除，然后进行调试。

【任务目标】

1）掌握 T68 型镗床电气控制系统的一般故障排除方法。

2）掌握 T68 型镗床故障排除后的调试过程及方法。

3）学会维修工作票的使用。

4）培养学生安全操作、规范操作、文明生产的行为。

【使用材料、工具与方法】

本任务主要使用的方法是自我学习和现场操作，根据任务的目标结合材料及工具，完成本任务的相关要求。材料及工具详见表 5-6。

表 5-6　使用的材料及工具清单

序号	材料及工具名称	数量	备注
1	T68 型镗床	1 台	
2	T68 型镗床使用说明书	1 本	
3	大小螺钉旋具（一字、十字）	各 1 把	
4	活扳手、套筒扳手等	1 套	
5	万用表	1 个	
6	剥线钳	1 把	
7	尖嘴钳	1 把	
8	电烙铁、焊锡等	1 套	
9	T68 型镗床清单相关备件	若干	
10	连接导线等	若干	
11	安全防护（工作服、绝缘鞋及手套等）	1 套	

【知识链接】

1. 维修工作票

表 5-7 所示为本任务给定的维修工作票。

表 5-7 维修工作票

设备编号	
工作任务	根据“T68 型镗床电气控制原理图”完成电气线路故障检测与排除
工作时间	
工作条件	检测及排除故障过程：停电 观察故障现象和排除故障后试机：通电
工作许可人签名	
维修要求	1. 工作许可人签名后方可进行检修 2. 对电气线路进行检测，确定线路的故障点并排除 3. 严格遵守电工操作安全规程 4. 不得擅自改变原线路接线，不得更改电路和元器件位置 5. 完成检修后能使该机床正常工作
故障现象描述	
故障检测和排除过程	
故障点描述	

2. 常见的电气故障

常见的电气故障见表 5-8。

表 5-8 常见电气故障

故障现象	原 因	处 理 方 法
主轴电动机能低速起动，但不能高速运行	1. 手柄在高速位置时没有压合行程开关 SQ 2. 行程开关 SQ 触头接触不良 3. 时间继电器 KT 线圈断线或触头接触不良	1. 检查 SQ 位置有无变动、松动，并调整好 2. 检查并更换 SQ 3. 检查并更换 KT
主轴电动机不能制动	1. 速度继电器控制正转或反转的常开触头不能闭合或接触不良或速度继电器的安装位置不对 2. 接触器 KM2 或 KM1 的常闭触头接触不良	1. 先检查速度继电器的安装位置，再检修速度继电器，必要时更换 2. 查明原因，进行检修
主轴变速手柄拉开时不能冲动或变速完毕后，合上手柄，主轴电动机不能自行起动	当主轴变速手柄拉出后，通过变速机构的杠杆、压板使行程开关 SQ4 动作，主轴电动机断电而制动停车。速度选择好后，推上手柄，行程开关 SQ6 动作，使主轴电动机低速冲动。由于 SQ4、SQ6 位置偏移触头接触不良而完不成上述动作；或 SQ4、SQ6 绝缘击穿短路，造成手柄拉出后，SQ4 虽动，但由于短路接通，使主轴仍以原速旋转	查明原因，进行检修或更换 SQ4、SQ6

（续）

故障现象	原　因	处 理 方 法
主轴和工作台不能进给工作	1. 主轴和工作台的两个手柄都扳到自动进给位置 2. 行程开关 SQ7、SQ8 位置变动或撞坏，使其常闭触头都不能闭合	1. 将手柄扳到正常位置 2. 调整 SQ7、SQ8 位置，必要时更换

【任务实施】

电气控制电路故障分析

1）主轴电动机 M1 不能起动。检查接触器 KM1～KM5 是否吸合，如果接触器都能正常吸合，则故障必然发生在电源电路和主电路上，可按下列步骤检修：

合上电源开关 QS1，用数字万用表交流电压档测 L1、L2、L3 之间的电压 380V 是否正常，若不正常，则故障在总电源输入回路。若电压正常，测接触器端 U11、V11、W11 点之间的电压，如果电压为 380V，则电源电路正常；若无电压，则可能是 FU1 熔断器或连线断路；否则，故障是断路器 QF 接触不良或连线断路。

修复措施：查明损坏原因，更换相同规格和型号的熔体、断路器、连接导线。

断开电源开关 QS1，用万用表电阻档分段测量 KM1、KM2 接触器输出端到电动机之间的电阻值，如果阻值都较小且相等，说明所测电路正常；否则，依次检查 KM3、FR、KM4、KM5、电动机 M1 及其之间的连接导线。

检查各接触器主触头是否良好，如果接触不良或烧毛，则更换动、静触头或相同规格的接触器。

检查电动机机械部分是否良好，如果电动机内部轴承损坏，应更换轴承；如果外部机械有问题，可配合机修钳工进行检修。

若接触器 KM1～KM5 都不吸合，则故障在控制电路部分，可按下列步骤检修。

按下起动按钮 SB2/SB3，观察 KA1/KA2 是否正常吸合。若不吸合则查找相应的控制电路是否存在短路的故障，或者器件本身的故障；若能吸合，则查看 KM3 能否吸合。若 KM3 不能吸合，则检测 KM3 线圈线路是否存在短路故障或者器件本身故障；若 KM3 能正常吸合，则检查 KM4/KM5 对应的控制电路是否存在短路的故障，或者器件本身存在的故障。

修复措施：查明损坏原因，更换相同规格和型号的接触器、中间继电器或连接导线。

2）主轴实际转速比标牌指示数多一倍或少一倍。T68 型镗床主轴有 18 种转速，采用双速电动机和机械滑移齿轮来实现变速的。主轴电动机的高低速的转换靠行程开关 SQ7 的通断来实现。行程开关 SQ7 安装在主轴调速手柄的旁边，主轴调速机构转动时，推动一个撞钉，撞钉推动簧片使 SQ7 通或断。所以，在安装调整时，应使撞钉的动作与标牌的指示相符。标牌指示在第一、二档时，撞钉不推动簧片，行程开关 SQ7 不动作；标牌指示在第三档时，撞钉推动簧片，使 SQ7 动作。如果安装调整不当，使 SQ7 动作恰恰相反，则会发生主轴转速比标牌指示数多一倍或少一倍的情况。

3）主轴电动机只有高速档，没有低速档，或只有低速档，没有高速档。这类故障原因较多，常见的有时间继电器 KT 不动作，或行程开关 SQ7 安装的位置移动，造成 SQ7 总是处于通或断状态。如果 SQ7 总处于通的状态，则主轴电动机只有高速；如果 SQ7 总处于断的状态，则主轴电动机只有低速。此外，如时间继电器 KT 的触头（22 区）损坏，接触器

KM5 的主触头不会通，则主轴电动机 M1 便不能转换到高速档运转，只能停留在低速档运转。

4）主轴变速手柄拉出后，主轴电动机不能冲动；或者变速完毕，合上手柄后，主轴电动机不能自动开车。当主轴变速手柄拉出后，通过变速机构的杠杆、压板使行程开关 SQ3 的动作，主轴电动机断电而自动停车。速度选好后，推上手柄、行程开关动作，使主轴电动机低速冲动。行程开关 SQ3 和 SQ6 装在主轴箱下部，由于位置偏移、触头接触不良等原因而完不成上述动作。又因 SQ3、SQ6 是由胶木塑压成型的，当质量出现问题时，手柄拉出后，SQ3 尽管已动作，但由于绝缘击穿，造成短路接通，使主轴仍以原来转速旋转，此时变速将无法进行。

【任务评价】

至此，任务三的基本任务已经学习和操作完毕，具体的学习和操作效果可以按照表 5-9 进行测试。

表 5-9　机床电气故障排除评价表

姓名		开始时间			
班级		结束时间			
项目内容	评分标准		扣分	自评	互评
在电气原理图上标出故障范围	不能准确标出或标错，扣 10 分				
按规定的步骤操作	错一次扣 10 分				
判断故障准确	错一次扣 10 分				
正确使用电工工具和仪表	损坏工具和仪表扣 50 分				
场地整洁，工具仪表摆放整齐	一项不符扣 5 分				
文明生产	违反安全生产的规定，违反一项扣 10 分				
教师点评		成绩（教师）			

【思考与练习】

1. 请简述该机床排除故障的方法及过程。
2. 如果照明电灯不亮了，请问是什么原因？

项目六 XA0532型立式升降台铣床的电气调试及故障排除

【工作场景】

小王职高毕业后一直在某企业上班，平时一直从事卧式车床的操作维修等工作。现由于工作需要，他的师傅让他做一个齿轮，也就是用铣床来进行齿轮的制作。因为平时没有接触过，于是他询问了一位技术人员，了解到该企业的铣床型号为XA0532，接下来的几天，小王就在该技术人员的指导下开始了解XA0532型立式升降台铣床。图6-1所示为XA0532型立式升降台铣床实物图。

图6-1　XA0532型立式升降台铣床实物图

【学习目标】

1）了解XA0532型立式升降台铣床的功能（作用）、结构和传动形式。

2）能正确熟练操作XA0532型立式升降台铣床。

3）掌握XA0532型立式升降台铣床电气控制系统的故障排除及排除后的调试。

4）培养学生安全操作、规范操作、文明生产的行为习惯。

任务一　认识XA0532型立式升降台铣床

【任务描述】

小王经过技术人员的讲解和指导后，对XA0532型立式升降台铣床有了简单的认识，但是对于该机床的功能、结构及传动形式还是比较模糊。因此，他向技术人员要了一份该设备的说明书，并开始了接下来的学习。另外，技术人员在给他说明书的同时，也给他布置了一个任务，要求在学习完后需要回答他提出的几个问题。

【任务目标】

1）了解 XA0532 型立式升降台铣床的功能。

2）了解 XA0532 型立式升降台铣床的结构。

3）了解 XA0532 型立式升降台铣床立铣头和主传动。

【使用材料、工具与方法】

本任务主要使用的方法是自我学习的形式，根据任务的目标结合材料及工具，完成本任务的相关要求。材料及工具详见表 6-1。

表 6-1　使用的材料及工具清单

序号	材料及工具名称	数量	备注
1	XA0532 型立式升降台铣床	1 台	
2	XA0532 型立式升降台铣床使用说明书	1 本	

【知识链接】

1. XA0532 型立式升降台铣床的主要用途与适用范围

XA0532 立式升降台铣床属于通用金属切削机床。该机床的主轴锥孔可直接或通过附件安装各种圆柱铣刀、圆片铣刀、角度铣刀、成型铣刀、端面铣刀等刀具，用来加工各种平面、斜面、沟槽、齿轮等。根据需要配置不同的铣床附件，还可扩大机床的使用范围。配用分度头，可铣切直齿齿轮和铰刀等零件，分度由分度头来完成。如在配用分度头的同时，把分度头的传动轴与工作台纵向丝杠用交换齿轮联系起来，尚可铣切螺旋面。本机床配用圆工作台，可以铣切凸轮及弧形槽。

该机床的铣头可以进行顺时针或逆时针的调整，其调整范围为±45°。

该机床结构本身具有足够的刚性，能承受重负荷的切削工作，并能使用硬质合金刀具进行高速切削，充分发挥刀具的效能。

综上所述，该机床使用范围非常广泛，适用于各行业各类机械加工部门。

2. XA0532 型立式升降台铣床的主要结构

该铣床型号意义如下：

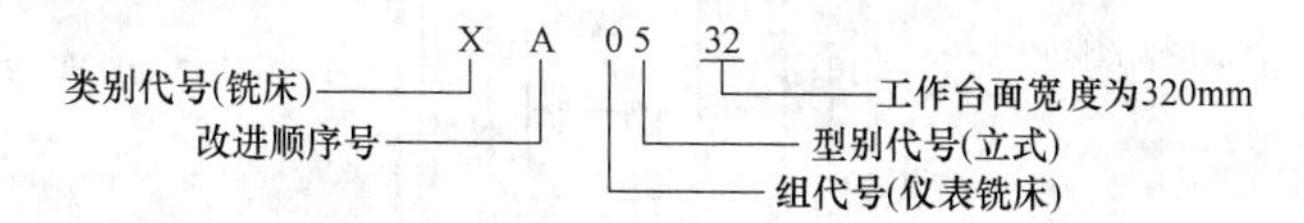

XA0532 型立式升降台铣床的传动系统部分主要由床身、主传动、立铣头、主轴箱、升降台、工作台、变速箱等部件组成。其结构外形如图 6-2~图 6-4 所示。

3. XA0532 型立式升降台铣床的主传动和立铣头

（1）主传动　主传动机构的 5 根传动轴及齿轮系安装在床身内部，由一个功率为 7.5kW 的法兰盘式电动机拖动，电动机通过弹性联轴器与Ⅰ轴相连，Ⅰ轴另一端装有制动电磁离合器，使主轴制动迅速、平稳、可靠。

在Ⅱ轴及Ⅳ轴上，装有可移动的两个三联齿轮和一个双联齿轮，它们的移动靠主变速机

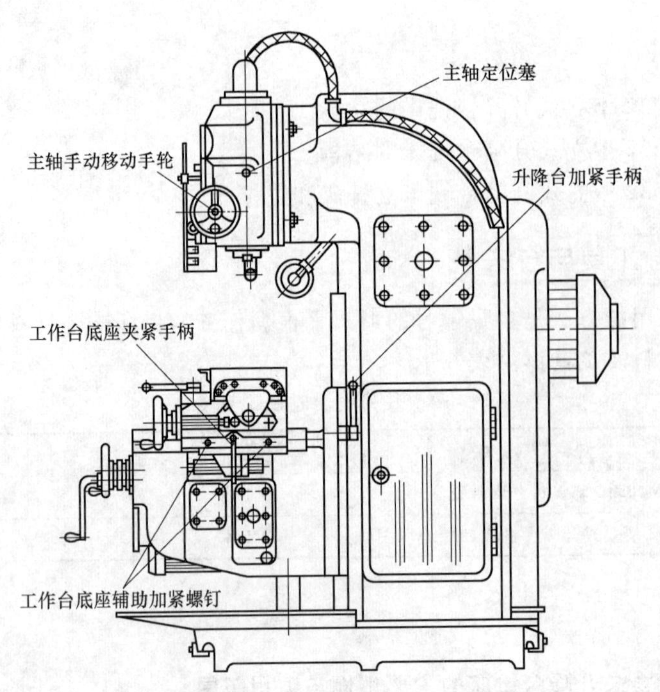

图 6-2　XA0532 型立式升降台外形结构图（1）

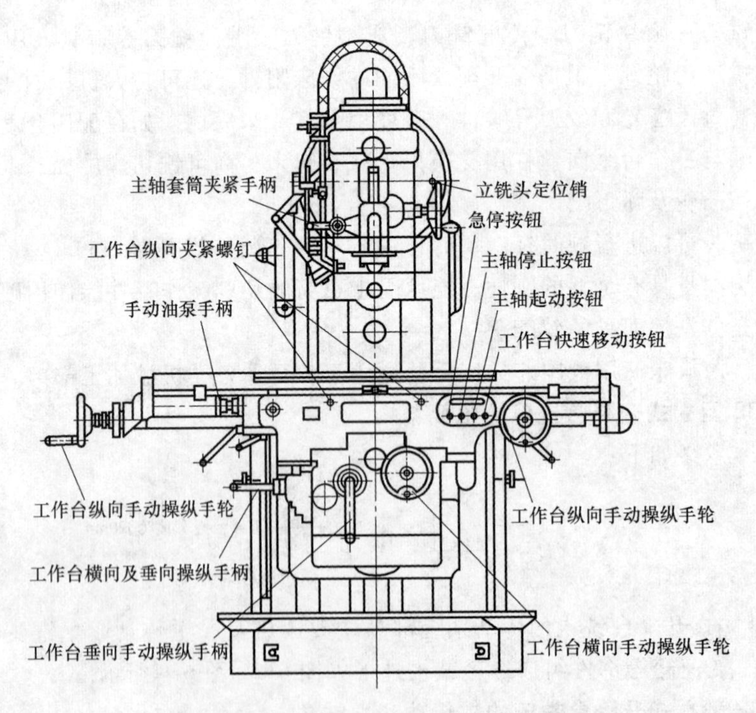

图 6-3　XA0532 型立式升降台外形结构图（2）

构中的拨叉操纵。在Ⅴ轴末端装有与立铣头相连的螺旋伞齿轮，将动力传送到立铣头主轴上，Ⅰ轴到Ⅶ轴及轴上的齿轮共同组成了主传动系统，它们使主轴可获得 18 种转速，其范围是 30~1500r/min。

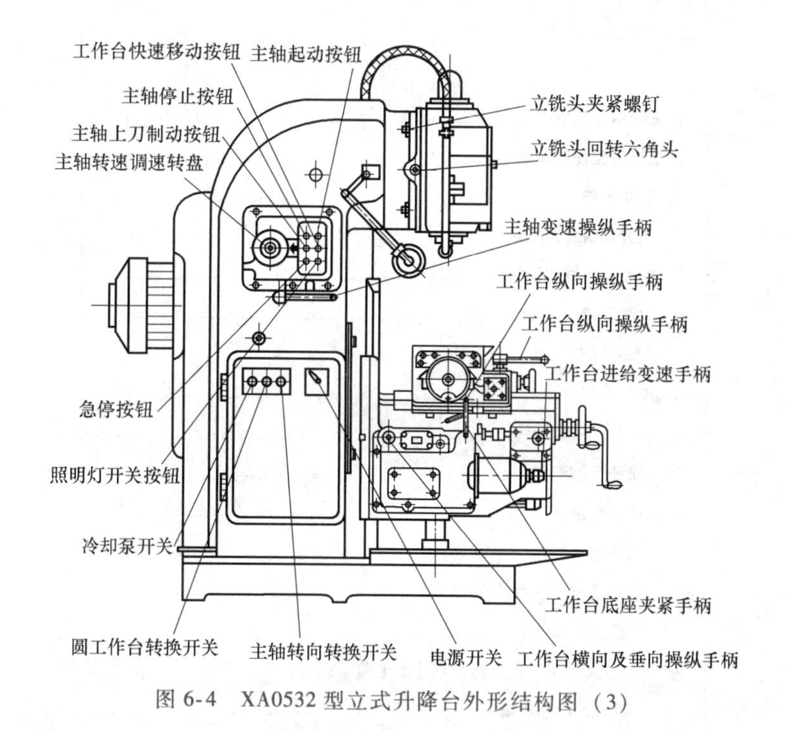

图 6-4　XA0532 型立式升降台外形结构图（3）

（2）立铣头　立铣头安装在床身上部弯头的前面，用圆柱面定位，立铣头可围绕床身弯头轴线顺时针或逆时针回转，调整范围为±45°，回转运动是通过小齿轮带动一段弧形的齿圈而获得，齿圈固定在回转头的本体上，而小齿轮则装在床身弯头的左侧，小齿轮轴的另一端为六角头。转动小齿轮，从而带动立铣头回转，立铣头在其回转范围内的任何一角度上，都可利用 4 个 T 形螺钉将其固定。为了保证主轴对工作台面的垂直精度，当立铣头处于中间零位时，利用定位销将其精确定位。

【任务实施】

小王在拿到 XA0532 型立式升降台铣床的使用说明书后，先初步翻阅看了一下说明书的目录（见图 6-5），通过说明书可以学会很多关于该设备的知识，他对照说明书慢慢地开始了学习。

小王在翻阅和学习了该机床的使用说明书后，技术人员就给他拿来了几道题目，让小王完成。

1）请根据说明书的内容及前面所学，完成表 6-2。

表 6-2　图形文字说明表

文字符号	说明	文字符号	说明
X		05	
A		32	

2）请说明 XA0532 型立式升降台铣床主传动的传动过程。

【任务评价】

本任务的评价主要参考任务实施中回答的题目来确定。

目　　录

1. 主要用途与适用范围
2. 工作安全注意事项
3. 工作条件
4. 主要规格及技术参数
5. 主要结构性能及机械传动系统
6. 润滑系统
7. 冷却系统
8. 电气系统
9. 开箱、吊运、保管
10. 安装与试车
11. 使用与操作
12. 机构的调整
13. 维修及常见故障排除
14. 附件及易损件
图1　XA5032型立式升降台铣床外形图
图2　机械传动系统图
图3　主传动电磁离合器制动结构图
图4　主轴转速分布图
图5　进给箱电磁离合器结构图
图6　进给速度分布图
图7　滚动轴承位置图
图8　机床润滑图
图9　机床电气原理图
图10　机床电气接线图

图 6-5　XA0532 型立式升降台铣床使用说明书目录

【任务拓展】

1. 铣床的发展历程

最早的铣床是美国人 E. 惠特尼于 1818 年创制，为卧式铣床。为了铣削麻花钻头的螺旋槽，1862 年美国人 J. R. 布朗创制了第一台万能铣床，这是升降台铣床的雏形。1884 年前后，出现了龙门铣床。20 世纪 20 年代出现了半自动铣床，工作台利用挡块可完成“进给-快速”或“快速-进给”的自动转换。

1950 年以后，铣床在控制系统方面发展很快，数字控制的应用大大提高了铣床的自动化程度。尤其是 20 世纪 70 年代以后，微处理机的数字控制系统和自动换刀系统在铣床上得到应用，扩大了铣床的加工范围，提高了加工精度与效率。

随着机械化进程不断加剧，数控编程开始广泛应用于机床类操作，极大地释放了劳动力。数控编程铣床将逐步取代人工操作，对操作者的要求也越来越高，当然带来的效率也会越来越高。

2. 铣床的主要分类

（1）按布局形式和适用范围加以区分

1）升降台铣床：有万能式、卧式和立式等，主要用于加工中小型零件。

2）龙门铣床：包括龙门铣镗床、龙门铣刨床和双柱铣床。

3）单柱铣床和单臂铣床：前者的水平铣头可沿立柱导轨移动，工作台作纵向进给；后者的立铣头可沿悬臂导轨水平移动，悬臂也可沿立柱导轨调整高度。两者均用于大型零件加工。

4）工作台不升降铣床：有矩形工作台式和圆工作台式两种，工作台不升降铣床是介于升降台铣床和龙门铣床之间的一种中等规格的铣床，其垂直方向的运动由铣头在立柱上升降来完成。

5）仪表铣床：一种小型的升降台铣床，用于加工仪器仪表和其他小型零件。

6）工具铣床：用于模具和工具制造，配有立铣头、万能角度工作台和插头等多种附件，还可进行钻削、镗削和插削等加工。

7）其他铣床：如键槽铣床、凸轮铣床、曲轴铣床、轧辊轴颈铣床和方钢锭铣床等，是为加工相应的工件而制造的专用铣床。

（2）按结构分

1）台式铣床：用于铣削仪器、仪表等小型零件的小型铣床。

2）悬臂式铣床：铣头装在悬臂上的铣床，床身水平布置，悬臂一般可沿床身一侧立柱导轨做垂直移动，铣头沿悬臂导轨移动。

3）滑枕式铣床：主轴装在滑枕上的铣床。

4）龙门式铣床：床身水平布置，其两侧的立柱和连接梁构成门架的铣床。铣头装在横梁和立柱上，可沿其导轨移动。通常横梁可沿立柱导轨垂向移动，工作台可沿床身导轨纵向移动，用于大型零件加工。

5）平面铣床：用于铣削平面和成形面的铣床，通常是把工件表面加工到某一高度并达到一定表面质量要求的加工。

6）仿形铣床：对工件进行仿形加工的铣床。一般用于加工复杂形状工件。

7）升降台铣床：配有可沿床身导轨垂直移动的升降台的铣床，通常安装在升降台上的工作台和滑鞍可分别做纵向、横向移动。

8）专用铣床：例如工具铣床，这是用于铣削工具模具的铣床，加工精度高。

（3）按控制方式分　按控制方式，铣床又可分为仿形铣床、程序控制铣床和数控铣床等。

3. 万能铣床

万能铣床可使用各种棒形铣刀、圆形铣刀、角度铣刀来铣削平面、斜面、沟槽等。如果使用万能铣头、圆工作台、分度头等铣床附件时，可以扩大机床的加工范围。该机床具有足够的刚性和功率，拥有强大的加工能力，能进行高速和承受重负荷的切削工作和齿轮加工，适用于模具特殊钢加工和矿山设备、产业设备等重型、大型机械加工。万能铣床的工作台可向左、右各回转45°，当工作台转动一定角度，采用分度头附件时，可以加工各种螺旋面。万能铣床三向进给丝杠为梯形丝杠或滚珠丝杠。

4. 万能铣床的结构

1）万能铣床底座、机身、工作台、中滑座、升降滑座等主要构件均采用高强度材料铸造而成，并经人工时效处理，保证机床长期使用的稳定性。

2）机床主轴轴承为圆锥滚子轴承，万能铣床主轴采用三支承结构，主轴的系统刚度好，承载能力强，且主轴采用能耗制动，制动转矩大，停止迅速、可靠。

3）工作台水平回转角度为±45°，便于拓展机床的加工范围。万能铣床主传动部分和工作台进给部分均采用齿轮变速结构，调速范围广，变速方便、快捷。

4）工作台 X、Y、Z 向有手动进给、机动进给和机动快进三种，万能铣床进给速度能满足不同的加工要求；快速进给可使工件迅速到达加工位置，加工方便、快捷，缩短非加工时间。

5）万能铣床 X、Y、Z 三方向导轨副经超音频淬火、精密磨削及刮研处理，配合强制润滑，可提高精度，延长机床的使用寿命。

6）润滑装置可对纵、横、垂向的丝杠及导轨进行强制润滑，减小机床的磨损，保证机床的高效运转；同时，万能铣床冷却系统通过调整喷嘴改变切削液流量的大小，以满足不同的加工需求。

7）万能铣床的机床设计符合人体工程学原理，操作方便；万能铣床的操作面板均使用形象化符号设计，简单直观。

8）床身用来固定和支承铣床各部件。顶面上有供横梁移动用的水平导轨。前壁有燕尾形的垂直导轨，供升降台上下移动。床身内部装有主电动机、主轴变速机构、主轴、电器设备及润滑油泵等部件。

9）横梁一端装有吊架，用以支承刀杆，以减少刀杆的弯曲与振动。横梁可沿床身的水平导轨移动，其伸出长度由刀杆长度来进行调整。

10）主轴是用来安装刀杆并带动铣刀旋转的。主轴是一空心轴，前端有 7∶24 的精密锥孔，其作用是安装铣刀刀杆锥柄。

11）纵向工作台由纵向丝杠带动在转台的导轨上做纵向移动，以带动台面上的工件做纵向进给。台面上的 T 形槽用以安装夹具或工件。

12）横向工作台位于升降台上面的水平导轨上，可带动纵向工作台一起做横向进给。

【思考与练习】

1. 请简述 XA0532 型立式升降台铣床立铣头的动作过程。
2. 想一想：该机床应该怎样进行操作？

任务二 操作 XA0532 型立式升降台铣床

【任务描述】

小王学习了 XA0532 型立式升降台铣床的基础知识后，在技术人员的指导下，开始了 XA0532 型立式升降台铣床的操作任务。技术人员还特别提醒小王，在操作 XA0532 型立式升降台铣床时，要特别注意人身安全与设备安全。

【任务目标】

1）能正确熟练操作 XA0532 型立式升降台铣床。

2）熟练掌握 XA0532 型立式升降台铣床的工作原理及工作过程。

3）培养学生安全操作、规范操作、文明生产的行为习惯。

【使用材料、工具与方法】

本任务主要使用的方法是自我学习和现场操作，根据任务的目标结合材料及工具，完成本任务的相关要求。材料及工具详见表 6-3。

表 6-3 使用的材料及工具清单

序号	材料及工具名称	数量
1	XA0532 型立式升降台铣床	1 台
2	XA0532 型立式升降台铣床使用说明书	1 本
3	螺钉旋具(一字、十字)	大小各 1 把
4	安全防护(工作服及手套等)	1 套

【知识链接】

1. 电气原理图

XA0532 型立式升降台铣床的电气原理图分为主电路和控制电路两部分。

2. 主电路分析

主电路共有 3 台电动机：M1 为主轴电动机，可以实现主轴的左转和右转；M2 为进给电动机；M3 为冷却泵电动机。

整个主电路由断路器 QF1 实现短路保护，QF2 实现主轴电动机的短路保护，QF3 实现进给电动机的短路保护，QF4 实现冷却泵电动机的短路保护。当交流接触器 KM1 吸合时，主轴电动机 M1 实现左转；当 KM2 吸合时，M1 实现右转；当接触器 KM3 或 KM4 吸合时，进给电动机 M2 实现进给运动；当继电器 KA3 吸合时，冷却泵电动机 M3 开始运转。在主电路中，还有整流器、照明灯、电源等线路，照明灯等由 SA6 控制。图 6-6 所示为 XA0532 型立式升降台铣床的主电路电气原理图。

3. 控制和保护电路分析

控制电路由电磁离合器及主轴、工作台等控制部分组成。主轴离合器及进给、快速电磁离合器由断路器 QF9 实现短路保护。图 6-7 所示为 XA0532 型立式升降台铣床的控制电路电气原理图。

（1）主轴运动的电气控制　起动主轴时，先将引入开关 QF1 闭合，再把换向开关 SA4 转到主轴所需的旋转方向，然后按起动按钮 SB3（SB4）接通接触器 KM1（KM2），即可起动主轴电动机。

停止主轴时，按停止按钮 SB1（SB2），切断接触器 KM1（KM2）线圈的供电电路，并接通 YC1 主轴制动电磁离合器，主轴即可停止转动。

为了变速时齿轮易于啮合，须使主轴电动机瞬时转动，当主轴变速操纵手柄推回原来位

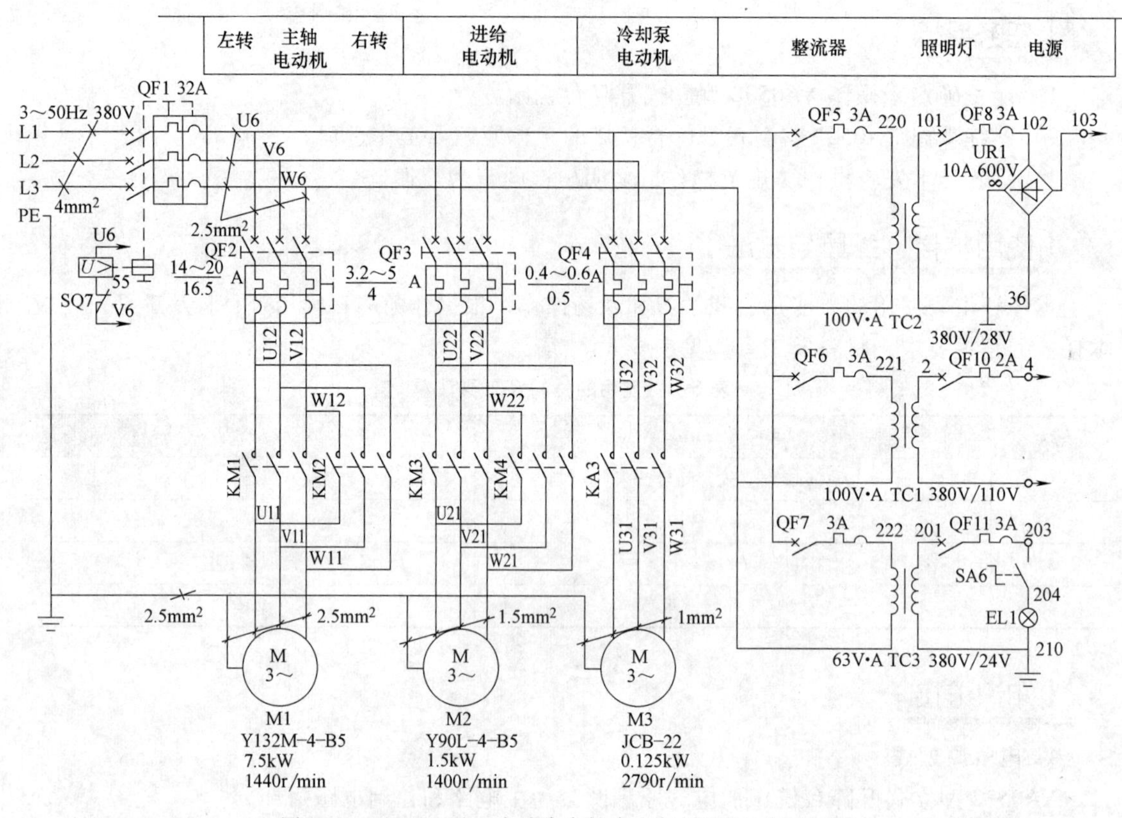

图 6-6　XA0532 型立式升降台铣床电气原理图（主电路）

主轴制动电磁离合器	进给、快速电磁离合器	急 停	主轴 左转 右转	冷却泵	主轴起动	工作台快速	正向、反向进给

图 6-7　XA0532 型立式升降台铣床电气原理图（控制电路）

置时（见图 6-8），压下行程开关 SQ5，使接触器 KM1（KM2）瞬时接通，主轴电动机即做瞬时转动，应以连续、较快的速度推回变速手柄，以免电动机转速过高打坏齿轮。

（2）进给运动的电气控制　升降台的上下运动和工作台的前后运动完全由操纵手柄来控制，手柄的联动机构与行程开关相连接，该行程开关装在升降台的左侧，后面一个是 SQ3 控制工作台向前及向下运动，前面一个是 SQ4，控制工作台向后及向上运动。

图 6-8　主轴变速操纵手柄推回原来位置

工作台的左右运动亦由操纵手柄来控制，其联动机构控制着行程开关 SQ1 和 SQ2，分别控制工作台向右及向左运动，手柄所指的方向即是运动的方向。

工作台向后、向上手柄压到 SQ4 及工作台向左手柄压到 SQ2，都接通接触器 KM4 线圈，即按选择方向做进给运动。

工作台向前、向下手柄压到 SQ3 及工作台向右手柄压到 SQ1，都接通接触器 KM3 线圈，即按选择方向做进给运动。

只有在主轴起动以后，进给运动才能开始，未起动主轴时，可进行工作台快速运动，即将操纵手柄选择到所需位置，然后按下快速按钮即可快速运动。

变换进给速度时，当蘑菇形手柄向前拉至极端位置（见图 6-9），且在反向推回之前，借孔盘推动行程开关 SQ6，瞬时接通接触器 KM3，则进给电动机做瞬时转动，使齿轮容易啮合。

图 6-9　蘑菇形手柄向前拉至极端位置

（3）快速行程的电气控制　主轴开动后，将进给操纵手柄扳到所需要的位置，工作台就开始按手柄所指的方向以选定的速度运动，此时如将快速按钮 SB5 或 SB6 按下，接通继电器 KA2 线圈，接通 YC3 快速离合器，并切断 YC2 进给离合器，工作台即按原运动方向做快速移动，放开快速按钮时，快速移动立即停止，仍以原进给速度继续运动。

（4）机床进给的安全互锁　为保证操作者的安全，在机床工作台进行机动工作时，首先应将 Z 轴向手柄向外拉至极限位置，使行程开关 SQ8 常闭触头闭合，工作台方可进行 X、Y、Z 轴的机动运行，否则不得进行机动操作，以确保操作者的安全。

另外，机床控制部分出现紧急故障时，可按下急停按钮 SB7（SB8），切断全部控制回路，并自锁保持，直到故障排除，再行人工解锁，转入正常操作。

（5）机床附件　圆工作台的回转运动是由进给电动机经传动机构驱动的。首先把圆工作台转换开关 SA3 扳到接通位置，然后操纵起动按钮，则接触器 KM1（KM2）、KM3 相继接通主轴和两个进给电动机。圆工作台与机床工作台的控制具有电气互锁，在使用圆工作台时，机床工作台不能做其他方向的进给运动。

（6）主轴换刀制动　当主轴换刀时，先将转换开关 SA2 扳到接通位置，然后换刀，此时主轴已被制动不能旋转，直至换刀完毕，再将转换开关扳到断开位置，主轴方可起动，否则主轴起动不了。

（7）冷却泵与机床照明　将转换开关 SA1 扳到接通位置，冷却泵电动机立即起动。

机床照明由照明变压器供给，电压 24V，照明灯开关由 SA6 控制。

（8）开门断电　左门由门锁控制断路器 QF1，开门断电。右门中行程开关 SQ7 与断路器 QF1 的分励线圈相连，当打开右门时 SQ7 闭合，使断路器 QF1 断开，达到开门断电的控制。

XA0532 型立式升降台铣床电器元件清单见表 6-4。

表 6-4　XA0532 型立式升降台铣床电器元件清单

符号	名称	型号	规格	数量
M1	交流电动机	Y132M-4-B5	7.5kW,380V	1 台
M2	交流电动机	Y98L-4-B5	1.5kW,380V	1 台
M3	冷却泵电动机	JCB-22	0.125kW,380V	1 台
QF1	电源断路器	QSM1-100L/3310	额定电流 30A	1 个
QF2	断路器	3VU1340-1MN0	额定电流 20A	1 个
QF3	断路器	3VU1340-1NJ00	额定电流 5A	1 个
QF4	断路器	3VU1340-1MN0	额定电流 0.6A	1 个
QF5~QF9,QF11	断路器	QS30-630	额定电流 3A	6 个
QF10	断路器	QS30-630	额定电流 2A	1 个
KM1,KM2	交流接触器	3TB4417	线圈电压 AC 110V	2 个
KM3,KM4	交流接触器	3TB4017	线圈电压 AC 110V	2 个
KA1~KA3	中间继电器	3TH8244	线圈电压 AC 110V	3 个
KT1	时间继电器	H3Y-2+PYF0	线圈电压 AC 36V	1 个
TC1	控制变压器	JBK3-100	AC 380V/AC 110V	1 台
TC2	整流变压器	JBK3-100	AC 380V/AC 28V	1 台
TC3	照明变压器	JBK3-63	AC 380V/AC 24V	1 台
VC1	整流器	ZPQIV-1	10A,600V	1 个
YC1	主轴制动离合器	DOL13H	DC 24V	1 个
YC2	进给离合器	DLMX-5	DC 24V	1 个
YC3	快速离合器	DXL-5	DC 24V	1 个
SA1,SA2	主令开关	QSLA37-11XS/21K	黑色	2 个
SA3	主令开关	QSLA37-11XS/31K	黑色	1 个
SA4	主令开关	QSLA37-22XS/21K	黑色	1 个
SB1,SB2	按钮	QSLA37-22/K	黑色	2 个
SB3,SB4	按钮	QSLA37-11/W	白色	2 个
SB5,SB6	按钮	QSLA37-11/GR	灰色	2 个

（续）

符号	名称	型号	规格	数量
SB7,SB8	按钮	QSLA37-22Z	红色蘑菇头	2个
SQ1,SQ2	行程开关	LX1-11k	开启式	2个
SQ3,SQ4	行程开关	SZL-WL-A	单轮自动复位	2个
SQ5,SQ6	行程开关	LX3-11K	开启式	2个
SQ7	行程开关	X2N	开启式	1个
SQ8	行程开关	3SE3-100-1	开启式	1个
EL1	照明灯	JC34	AC 24V,60W	1个
HL	灯泡	E14	AC 24V,40W	1个
	门锁	JDS1-AM1-1	左开门,带标	1个
XT1	接线板	JH9		1个
XT2	接线板	JH9		1个
XT3	接线板	JH9		1个

【任务实施】

1. 机床的起动

接通电源开关，使机床各部分得电，为各部分操作做好准备，如图6-10所示。

2. 主轴电动机控制

1）起动：在起动前先按照顺铣或逆铣的工艺要求，用主轴转向转换开关预定M1的转向。按下主轴起动按钮，主轴电动机起动运行。

2）停止及制动：按下主轴停止按钮，主轴电动机停止，同时电磁阀对电动机M1进行制动。在按下主轴电动机停止按钮时，应直至主轴停转才能松开，一般主轴的制动时间不超过0.5s。按钮位置图如图6-11所示。

图6-10　机床总电源开关

3）主轴的变速冲动：主轴的变速是通过改变变速器齿轮的传动比实现的，在需要变速时，将变速手柄拉出，转动变速盘所需的转速，然后再将变速手柄复位。主轴变速操纵手柄与主轴转速调速转盘如图6-12所示。

4）主轴换刀控制：在上刀或换刀时，主轴应处于制动状态，以避免发生事故。主轴上刀制动按钮如图6-13所示。

3. 进给运动控制

工作台的进给运动分为工作进给和快速进给，工作进给必须在主轴电动机起动后才能进行，而快速移动进给因属于辅助运动，可在主轴电动机不起动的情况下进行。

1）工作台的纵向进给运动：转动工作台纵向手动操纵手轮（见图6-14），可使工作台纵向手动移动。

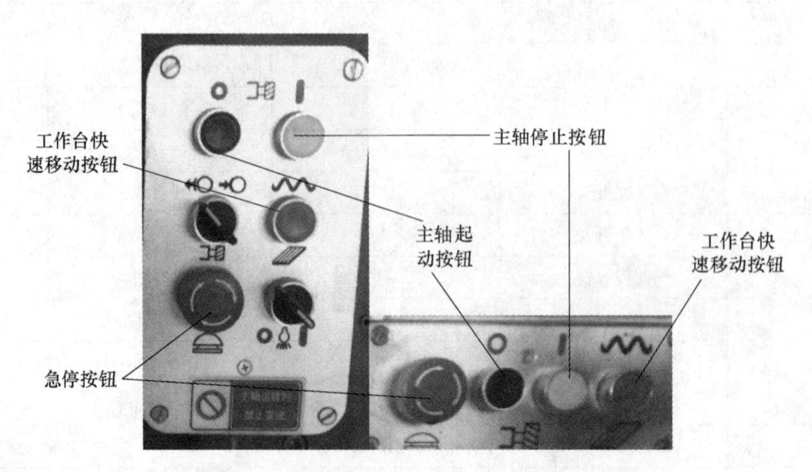

图 6-11 主轴电动机起动/停止按钮

图 6-12 主轴变速操纵手柄/主轴转速调速转盘

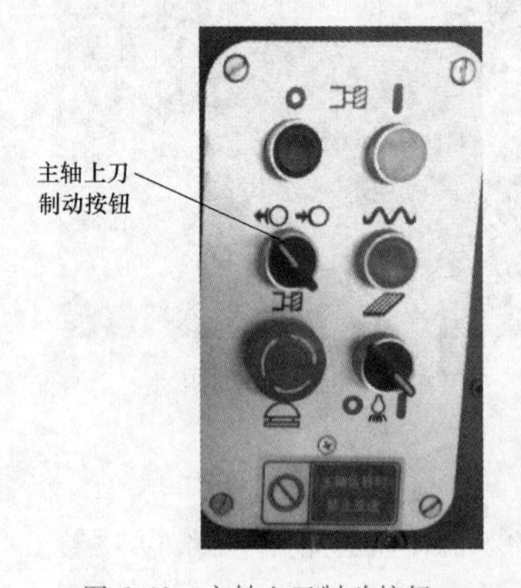

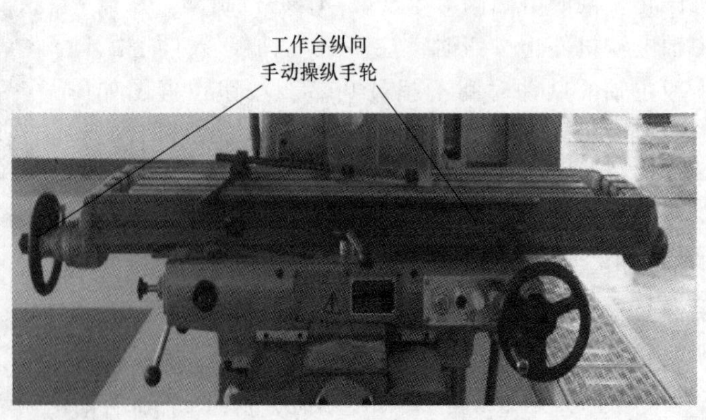

图 6-13 主轴上刀制动按钮

图 6-14 工作台纵向手动操纵手轮

2）工作台垂向与横向进给运动：可通过工作台垂向手动操纵手柄与工作台横向手动操纵手轮操作，如图 6-15 所示。

3）进给变速运动：与主轴变速时一样，进给变速时也需要使进给电动机瞬间点动一

图 6-15　工作台垂向手动操纵手柄与纵向手动操纵手轮

下，使齿轮啮合。操纵时，只需将工作台进给变速手柄（见图 6-16）拉出，顺时针或逆时针旋转至所需速度，再将手柄推回即可。

4. 圆工作台的控制

在需要加工弧形槽、弧形面和螺旋槽时，可以在工作台上加装圆工作台，圆工作台的回转运动也是由进给电动机来拖动的，在使用圆工作台时，将圆工作台转换开关扳至接通位置即可，如图 6-17 所示。

图 6-16　工作台进给变速手柄

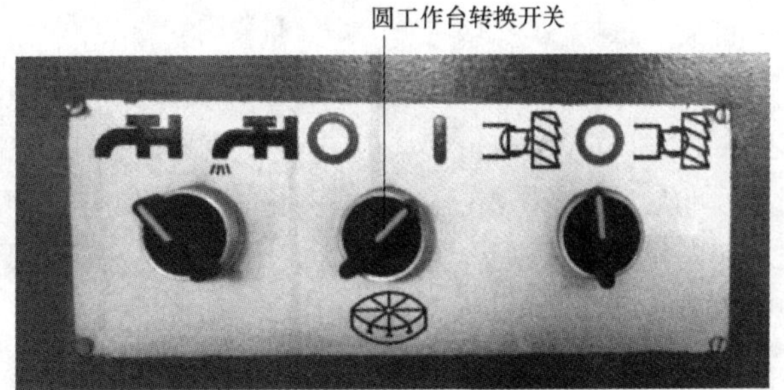

图 6-17　圆工作台转换开关

【任务评价】

至此，任务二的基本任务已经学习和操作完毕，学习和操作效果可按照表 6-5 进行测试。

表 6-5　操作机床评价表

姓　　名		开始时间			
班级		结束时间			
项目内容	评分标准		扣分	自评	互评
起动设备前是否做好准备工作					
能否正常起动 XA0532 型立式升降台铣床的主轴					
能否操作工作台，能否进行进给					
是否具有安全操作意识					
教师点评		成绩（教师）			

【任务拓展】

铣床的操作规程如下：

1）操作前要穿紧身防护服，袖口扣紧，上衣下摆不能敞开，严禁戴手套，不得在开动的机床旁穿、脱、换衣服，或围布于身上，防止机器绞伤；必须戴好安全帽，辫子应放入帽内，不得穿裙子、拖鞋；戴好防护镜，以防铁屑飞溅伤眼，并在机床周围安装挡板使之与操作区隔离。

2）工件装夹前，应拟定装夹方法。装夹毛坯件时，台面要垫好，以免损伤工作台。

3）工作台移动时，紧固螺钉应打开；工作台不移动时，紧固螺钉应紧上。

4）刀具装卸时，应保持铣刀锥体部分和锥孔的清洁，并要装夹牢固。高速切削时必须戴好防护镜。工作台不准堆放工具、零件等物，注意刀具和工件的距离，防止发生撞击事故。

5）安装铣刀前应检查刀具是否对号、完好，铣刀尽可能靠近主轴安装，装好后要试车。安装工件应牢固。

6）工作时应先用手进给，然后逐步自动走刀。运转自动走刀时，拉开手轮，注意限位挡块是否牢固，不准放到头，不要走到两极端而撞坏丝杠；使用快速行程时，要事先检查是否会相撞等现象，以免碰坏机件、铣刀碎裂飞出伤人。经常检查手摇把内的保险弹簧是否有效可靠。

7）切削时禁止用手摸刀刃和加工部位。测量和检查工件必须停车进行，切削时不准调整工件。

8）主轴停止前，必须先停止进刀。如若切削深度较大，退刀应先停车，交换齿轮时必须切断电源，交换齿轮间隙要适当，交换齿轮架背母要紧固，以免造成脱落；加工毛坯时转速不宜太快，要选好吃刀量和进给量。

9）发现机床有故障，应立即停车检查并报告相关部门派机修工修理。工作完毕应做好清理工作，并关闭电源。

【思考与练习】

1. 请简述 XA0532 型立式升降台铣床主轴电动机的控制过程。

2. 想一想：现需要用 XA0532 型立式升降台铣床进行物件的加工，请问操作步骤一共有几步？机床应该怎样进行操作？

任务三　XA0532 型立式升降台铣床电气控制系统的一般故障排除及调试

【任务描述】

小王经过一天的时间已了解 XA0532 型立式升降台铣床的功能，结构并且能正确熟练地操作 XA0532 型立式升降台铣床了。第二天，技术人员给他布置了新任务：工厂里有两台 XA0532 型立式升降台铣床无法正常运行了，要求小王完成排故，然后进行调试。

【任务目标】

1）掌握 XA0532 型立式升降台铣床电气控制系统的一般故障排除方法。

2）掌握 XA0532 型立式升降台铣床故障排除后的调试过程及方法。

3）学会维修工作票的使用。

4）培养学生安全操作、规范操作、文明生产的行为习惯。

【使用材料、工具与方法】

本任务主要使用的方法是自我学习和现场操作，根据任务的目标结合材料及工具，完成本任务的相关要求。材料及工具详见表 6-6。

表 6-6　使用的材料及工具清单

序号	材料及工具名称	数量
1	XA0532 型立式升降台铣床	1 台
2	XA0532 型立式升降台铣床使用说明	1 本
3	大小螺钉旋具(一字、十字)	各 1 把
4	活扳手、套筒扳手等	1 套
5	数字万用表	1 个
6	剥线钳	1 把
7	尖嘴钳	1 把
8	电烙铁、焊锡等	1 套
9	XA0532 型立式升降台铣床清单相关配件	若干
10	导线等	若干
11	安全防护(工作服及手套)	1 套

【知识链接】

1. 机床主轴轴承调整

利用两个半圆垫及螺母，可以调整主轴轴承径向间隙。

修磨半圆垫时，只需将主轴套筒向下摇出一些，拆下法兰盘及主轴端部 4 个 M6 紧固半圆垫的螺钉，就可将半圆垫从两边拿出。由于轴颈的锥度是 1∶12，因此如需消除 0.01mm 径向间隙，就需将两个半圆垫同时磨去 0.02mm，将磨好的半圆垫装回原处，拧紧 4 个 M6 螺钉，将垫固定，再拧紧螺母，装好法兰盘。

螺母调整时，需先将立铣头塞子拧下，用内六角扳手从螺孔中伸进，拧松螺钉，用另一只手扳转主轴，使内六角扳手卡住的螺母做轴向移动，从而达到调整主轴轴承径向间隙的目的。

调整后的轴承间隙应保证主轴在 1500r/min 转速下，运转 1h，轴承温度不超过 70℃。

2. 常见易损件

因机床中有很多零部件是高速运转，并与运动物体紧密接触的，有一定寿命。机床正常运行一段时间后，这些零部件的磨损会导致机床出现一些故障，这时就要进行更换。易损件清单见表6-7。

表6-7 易损件一览表（部分）

件号	名　称	材料	每台件数
XA6132A-30205	电刷芯	40目铜丝布0.5°软线	4
XA6132A-16444	弹簧	钢丝Ⅱ	1
XA6132A-16407	销	45	1
XA6132A-16433	滑块	40Cr	2
XA6132A-17402	调整环	FTG80-25(代用材料Fe-1C)	1
XA6132A-17428	弹簧	钢丝Ⅱ	1
XA6132A-17427	定位板	45	1
1.6×10×40 Q81-1	弹簧	钢丝Ⅱ	6
XA6132A-30003A	进给箱慢速电磁离合器		1

3. 维修工作票

表6-8所示为本任务给定的维修工作票。

表6-8 维修工作票

设备编号	
工作任务	根据“XA0532型立式升降台铣床电气控制原理图”完成电气线路故障检测与排除
工作时间	
工作条件	检测及排除故障过程:停电 观察故障现象和排除故障后试机:通电
工作许可人签名	
维修要求	1. 工作许可人签名后方可进行检修 2. 对电气线路进行检测,确定线路的故障点并排除 3. 严格遵守电工操作安全规程 4. 不得擅自改变原线路接线,不得更改电路和元器件位置 5. 完成检修后能使该机床正常工作
故障现象描述	
故障检测和排除过程	
故障点描述	

4. 常见的电气故障

（1）快速进给故障　按快速按钮时有快速进给，松开快速按钮后，仍继续快速进给，此时应检查中间继电器（KA2），可能有脏物粘在铁心上，使铁心继续吸合，触头不能断开，此时应将断电器铁心卸下，用细纱布擦净，即可恢复正常。

（2）工作台纵向操纵手柄故障　工作台纵向操纵手柄发生操纵失灵，需要更换与摇臂连接的弹簧，更换顺序如下：

1）拆下螺钉、垫圈。

2）卸下手轮。

3）拆下两个撞板（注意左右撞板不同，装时不可位置颠倒）。

4）拆下左右轴架与工作台的所有连接螺钉及圆锥销。

5）松开背母，拆下楔条。

6）顺燕尾导轨方向，吊下工作台，放置在枕木上。

7）更换 XA6132A-17428 弹簧。

（3）其他常见电气故障　其他常见电气故障详见表 6-9。

表 6-9　常见电气故障（部分）

故障现象	原因分析	排除方法
全部电动机都不能起动	1. 转换开关 QS1 接触不良 2. 熔断器 FU1、FU2 或 FU3 熔断 3. 热继电器 FR,动作 4. 瞬动限位开关 SQ7 的常闭触头 SQ7-2 接触不良	1. 检查三相电流是否正常,并检修 QS1 2. 查明熔断原因并更换 FU1 熔体 3. 查明 FR1 动作原因并排除 4. 检修 SQ7 的常闭触头 SQ7-2
主轴电动机变速时无冲动过程	1. 瞬动限位开关的常开触头 SQ7-1 接触不良 2. 机械顶端不动作或未碰上瞬动限位开关 SQ7	1. 检修 SQ7 的常开触头 SQ7-1 2. 检修机械顶销使其动作正常
主轴停车时没有制动作用	1. 速度继电器常开触头 KS 或 KS2 未闭合或胶木摆杆断裂 2. 接触器 KM1 的联锁触头接触不良	1. 清除 KS 常开触头油污或调整触头压力;更换胶木摆杆 2. 清除 KM1 联锁触头油污或调整触头压力
主轴停止转动后产生短时反向旋转	速度继电器 KS 动触片弹簧调得过松使触头分断过迟	调整 KS 动触片的弹簧压力
按停止按钮主轴不停	1. 接触器 KM1 主触头熔焊 2. 停止按钮触头断路	1. 找出原因,更换主触头 2. 更换停止按钮
进给电动机不能起动(主轴电动机能起动)	1. 接触器 KM3 或 KM4 线圈断线,主触头和联锁触头接触不良 2. 转换开关 SA1 或 SA2 接触不良	1. 检修 KM3 或 KM4 线圈和主触头及联锁触头 2. 检修 SA1 和 SA2

【任务实施】

技术人员告诉小王，在工作车间中有台 XA0532 型立式升降台铣床不能正常工作了，现将该任务下发给小王，让小王将这台无法正常工作的机床进行排故，排故完成后调试该机床。

小王来到机床旁，打开电源，并开始观察这台设备有什么故障现象。

1. 观察故障现象

接通机床电源 QF1 及其余断路器，电源指示灯亮。选择主轴转换开关 SA4 为顺时针，按下主轴电动机起动按钮 SB3/SB4，主轴电动机 M1 没有起动，此时旋转开关 SA1，冷却泵电动机同样无法运转。

2. 填写工作票

填写维修工作票“故障现象描述”一栏，即主轴电动机无法正常运转。

3. 故障分析

通上电源后，通电指示灯亮，选择主轴转换开关为顺时针，按下主轴电动机起动按钮，主轴电动机 M1 没有起动，旋转开关 SA1，冷却泵电动机同样无法运转。上述现象说明问题可能出在两个方面，即主电路或控制电路。主电路分析：合上断路器 QF2，依次测量 U6-U12-U11、V6-V12-V11、W6-W12-W11 之间的电位值是否正常；控制电路分析：按下 SB3/SB4 后，查看继电器 KA1 线圈是否得电，KA1 是否吸合，如果吸合，则断电并人为使 KA1 吸合，然后依次测量 01#—04#、01#—51#、01#—5#、01#—7#、01#—8#、01#—10#、01#—11#、01#—12#、01#—13#、01#—14#、01#—16#、01#—15#、01#—17#等路径及接触器或触头的好坏。

4. 故障检测方法：电阻法（数字式万用表）

1）先确认设备已经断电，指向“OFF”，如图 6-18 所示。

2）检查万用表的表笔是否正确插入万用表插孔，把档位旋转到电阻 200Ω 档。

3）使用二分法检测，将红表笔搭在的交流接触器 KM1 线圈的 01#接线端子，黑表笔搭在急停按钮 SB7 的 4#接线端子。万用表测量电阻值显示“1”表示是开路，测量值接近 0 则是通路。（注意：在测量路径上有线圈时，有可能阻值大于 200Ω 时，超出量程万用表将显示“1”）。

4）依次测量 01#—51#、01#—5#、01#—7#、01#—8#、01#—10#、01#—11#等路径，查到故障点在 12#—13#路径之间，故障类型为开路（继电器常开触头接触不良）。

图 6-18 设备已经断电

5. 故障排除

经过上述检查，查到故障点位在 12#-13#线之间，查看得知中间继电器 KA1 的常开触头由于使用时间长出现了老化现象，导致接触不良，应该更换一个新的继电器。

6. 填写维修工作票

填写的方法及内容详见表 6-10。

表 6-10 维修工作票

设备编号	填写这台设备在本企业的编号
工作任务	根据“XA0532 立式升降台铣床电气控制原理图”完成电气线路故障检测与排除
工作时间	填写工作起止时间，例：自 2016 年 10 月 22 日 14 时 00 分至 2016 年 10 月 22 日 15 时 30 分
工作条件	检测及排除故障过程：停电 观察故障现象和排除故障后试机：通电
工作许可人签名	车间主任签名（例）
维修要求	1. 工作许可人签名后方可进行检修 2. 对电气线路进行检测，确定线路的故障点并排除 3. 严格遵守电工操作安全规程 4. 不得擅自改变原线路接线，不得更改电路和元器件位置 5. 完成检修后能使该机床正常工作

（续）

故障现象描述	主轴电动机及冷却泵电动机无法正常运转
故障检测和排除过程	用二分法，把万用表的一支表笔（黑表笔或红表笔），搭在所分析故障路径的起始一端（或末端），依次测量 01#—51#、01#—5#、01#—7#、01#—8#、01#—10#、01#—11#等路径，查到故障点在 12#—13#路径之间，故障类型为开路
故障点描述	12#—13#路径之间线路断开（继电器的常开触头接触不良）

【任务评价】

至此，任务三的基本任务已经学习和操作完毕，具体的学习和操作效果可以按照表 6-11 进行测试。

表 6-11 机床电气故障排除评价表

姓名		开始时间			
班级		结束时间			
项目内容	评分标准		扣分	自评	互评
在电气原理图上标出故障范围	不能准确标出或标错，扣 10 分				
按规定的步骤操作	错一次扣 10 分				
判断故障准确	错一次扣 10 分				
正确使用电工工具和仪表	损坏工具和仪表扣 50 分				
场地整洁，工具仪表摆放整齐	一项不符扣 5 分				
文明生产	违反安全生产的规定，违反一项扣 10 分				
教师点评		成绩（教师）			

【任务拓展】

如何进行铣床日常维护保养？

要使铣床能够很好地工作，并使它的寿命延长，就必须要做好日常的保养工作，严格遵守操作规程。

铣床的保养工作和应注意的事项一般有以下几点：

1）必须熟悉铣床的润滑装置，按时进行加油。

润滑油内不应含有水分和硬颗粒等杂质，并且是无酸性的，最好采用精炼的矿物油。各处油杯和小的注油孔，一般每个月应注油 1~3 次；主轴变速部分和进刀变速部分，在新铣床第一次使用 20~25 天后，应换新油，并用煤油洗过，以后每隔两个半月至三个月换油一次，各滑动面宜保持润滑。

2）工作前仔细检查铣床，查看各个部位的动作是否正常和灵活，并在转动部位和移动导轨灯处，加注润滑油。

3）工作完毕后，应将所有的电源全部关闭，清除切屑并倒在规定的地方，将机床擦拭干净，认真交班。

4）在加工铸铁时，镶条等部分要用护板遮盖，并要求更仔细地清除切屑。

5）工作台台面上不得放任何工具，以免碰伤；更不能在台面上进行敲打。

6）随时留心铣床的工作情况，特别是在铣床开动时，人不能离开；遇到机床不正常时（如主动轴松动、台面跳动、刀具磨钝等），应及时停车检查。

7）安装夹具或换工件时，必须将定位基面擦拭干净。为了避免导轨和台面在中间磨损得特别厉害，工件的夹持部位应有意识地改变。

8）必须在铣床停稳后换档，以免齿轮碰裂，并按变速换档程序操作。

9）要防止铣床长时间过载和突然过载。

10）铣床的摇手柄应该装有自动脱离装置。但在一些旧铣床上，没有这种装置，这时就要注意，特别是在机动进给时，手把会跟着旋转，容易造成人身事故，因此必须养成用毕即取下的习惯。

【思考与练习】

1. 请简述该铣床故障排除的方法及过程。

2. 如果电源指示灯不亮，分析故障原因。

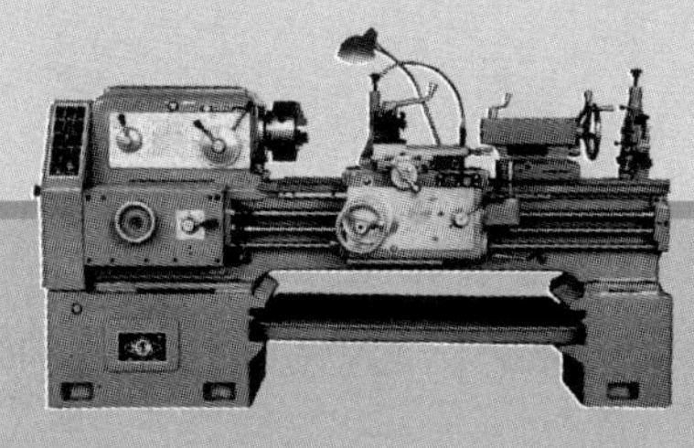

项目七 DK7740型线切割机床的电气调试及故障排除

【工作场景】

小张职高毕业后一直在某企业上班，平时一直从事卧式车床的操作维修等工作，现由于人事变动，企业安排小张除了操作维修卧式车床外，还需要对线切割机床也进行操作维修。于是他询问了一位技术人员，了解到企业的线切割机床型号为 DK7740，接下来的几天小张就在该技术人员的指导下开始了 DK7740 型线切割机床的学习。图 7-1 所示为型号 DK7740 线切割机床实物图。

图 7-1　DK7740 型线切割机床实物图

【学习目标】

1）了解 DK7740 型线切割机床的功能（作用）、结构和传动形式。

2）能正确熟练操作 DK7740 型线切割机床。

3）掌握 DK7740 型线切割机床电气控制系统的一般故障排除及排除后的调试。

4）培养学生安全操作、规范操作、文明生产的行为习惯。

任务一　认识 DK7740 型线切割机床

【任务描述】

小张经过技术人员的讲解和指导后，对 DK7740 型线切割机床有了简单的认识，但是对于该机床的功能、结构及传动形式还是比较模糊。因此，他向技术人员要了一份该机床的说明书，并开始了接下来的学习。另外，技术人员在给他说明书的同时，也给他布置了一个任务，要求在学习完后需要回答他提出的几个问题。

【任务目标】

1）了解 DK7740 型线切割机床的功能。

2）了解 DK7740 型线切割机床的结构和传动形式。

【使用材料、工具与方法】

本任务主要使用的方法是自我学习，根据任务的目标结合材料及工具，完成本任务的相关要求。材料及工具详见表 7-1。

表 7-1 使用的材料及工具清单

序号	材料及工具名称	数量	备注
1	DK7740 型线切割机床	1 台	
2	DK7740 型线切割机床使用说明书	1 本	

【知识链接】

1. DK7740 型线切割机床的功能

数控电火花线切割机床，简称线切割机床，是以运动的金属丝为工具电极，在控制系统的控制下，按预先设定的轨迹对工件进行加工。线切割机床适合加工各种模具，切割微细精密及形状复杂的零件、样板，切割钨片、硅片等，该机床工作电源为单相 220V、频率 50Hz，且具有断线自动关断走丝电动机等保护功能，广泛应用于电子仪器仪表、家用电器、精密机械等工业部门加工高精度、高硬度、高韧性的各种复杂图形的金属冲模、样板及复杂的零件。

2. DK7740 型线切割机床的主要结构

该机床型号意义如下：

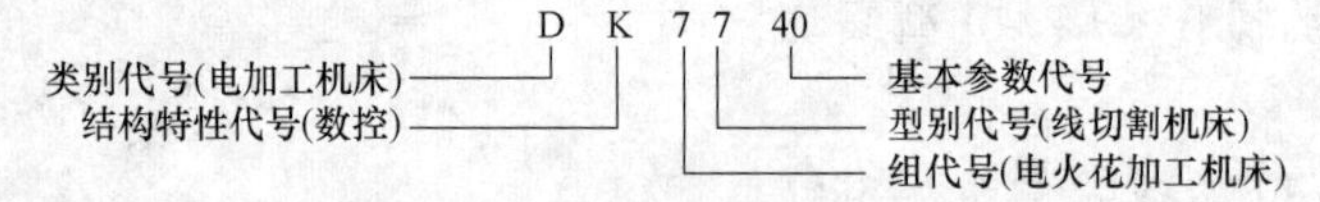

DK7740 型线切割机床的传动系统部分主要由床身、工作台、运丝装置、线架、冷却系统、夹具、防水罩及部件组成，其结构外形如图 7-2 所示。

3. DK7740 型线切割机床的传动形式

线切割机床的传动包括工作台的传动过程和运丝装置的传动过程。工作台的传动过程有 X 方向和 Y 方向两部分，当控制系统每送出一个脉冲，工作台拖板就可移动 0.001mm。另外，用 X、Y 方向两个手摇手柄也可以使工作台实现 X、Y 方向的移动。运丝装置的传动过程是运丝装置带动电极丝按一定线速度运动，通过线架上的排丝轮、导轮将电极丝整齐地排绕在储丝筒上，行程限位开关控制储丝筒的正反转。

【任务实施】

小张在拿到 DK7740 型线切割机床的使用说明书后，先初步翻阅看了一下说明书的目录

（见图 7-3），通过说明书可以了解很多关于该设备的知识，他对照设备的说明书开始学习。

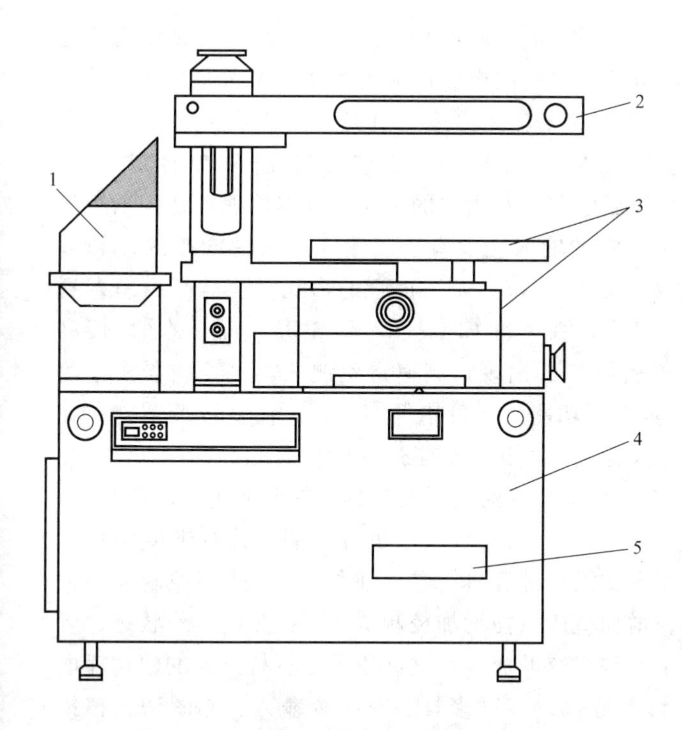

图 7-2　DK7740 型线切割机床外形结构图
1—走丝机构　2—线架　3—工作台
4—床身　5—工作液系统

目　录

第一部分　机械部分........

一、机床外部........
二、用途和适用范围........
三、机床的主要规格和有关参数....
四、机床传动系统........
五、机床润滑系统........
六、搬运与安装........
七、机床操作和调试........
八、机床故障排除与维护........
九、易损件一览表........
十、线切割加工工艺........
十一、数控机床使用说明........

第二部分　电气部分........

一、机床电气的安全保护........
二、机床电气操作面板........
三、机床电气操作顺序........
四、机床电气控制原理........
五、机床电气与控制台连接表........

图 7-3　DK7740 型线切割机床使用说明书目录

小张在翻阅和学习了该机床的使用说明书后，技术人员就给他拿来了几道题目，让小张完成。

1. 请根据说明书的内容及前面所学，完成表 7-2。

表 7-2　图形文字说明表

文字符号	说明	文字符号	说明
D		77	
K		40	

2. 请说明 DK7740 型线切割机床的传动形式。

【任务评价】

本任务的评价主要参考任务实施中回答的题目来确定。

【任务拓展】

1. 线切割机床的发展历程

控制系统自20世纪60年代后期至70年代中期，我国高速走丝线切割机床的数控系统专用工控机，采用晶体管分立元件组成门电路，再由门电路组成寄存器、输入控制器、运算器、输出控制器等，加工程序则通过扳键开关手工输入，或通过光电阅读机从穿孔纸带读入，采用辉光数码管和氖灯显示计数长度以及X、Y坐标值（二进制）。进入20世纪70年代后期，数控系统已过渡到以中、大规模集成电路芯片为主的电路。基本原理和结构虽然未改变，但功能得到加强，可靠性也提高了。它的输入仍然有手工输入（扳键或按键）和纸带输入（电报机头）两种方式，指示有荧光数码管和发光二极管的形式。该类产品一直到20世纪80年代末都在使用。随着单板微型计算机（将CPU、RAM、ROM、输入/输出接口装在一块印制电路板上的计算机，简称单板机）的出现，高速走丝线切割机控制器大量使用以Z-80为微机处理器的单板机，真正实现了功能强、价格低廉目标。简易数控系统在其他相关行业的发展促进下，使数控高速电火花线切割机得到了迅速的普及。

到20世纪90年代，数控系统以8051系列单片机的控制器都具有图形缩放、齿隙补偿、短路回退、断丝保护、停电记忆、自动对中、加工结束自动停机等功能，并有锥度切割功能。随着计算机的迅速发展和普及，采用台式微型计算机（包括工控机），能够控制分别独立工作的几台机床。在允许数量范围内，增加机床只需增加控制卡。各机床的工作状态，可通过切换画面分别监视。这样不仅节约了控制系统的成本，又利用了计算机强大的数据存取能力。自动编程系统功能在不断增强，编程方式也多种多样，有指令输入、作图法、扫描法、CAD文档转换等，还可通过U盘、网络等接口进行数据交换。避免了手工输入程序、绘图低效率和带来的差错。

2. 线切割机床的组成

数控线切割机床由机械、电气和工作液系统三大部分组成。

1）机械：线切割机床机械部分是基础，其精度直接影响到机床的工作精度，也影响到电气性能的充分发挥。机械系统由机床床身、坐标工作台、运丝机构、线架机构、锥度机构和润滑系统等组成。机床床身通常为箱式结构，是提供各部件的安装平台，而且与机床精度密切相关。坐标工作台通常由十字拖板、滚动导轨、丝杆运动副、齿轮传动机构等部分组成，主要是通过电极丝之间的相对运动，来完成对工件的加工。运丝机构是由储丝筒、电动机、齿轮副、传动机构、换向装置和绝缘件等部分组成，电动机和储丝筒连轴连接转动，用来带动电极丝按一定线速度移动，并将电极丝整齐地排绕在储丝筒上。锥度机构可分摇摆式和十字拖板式结构，摇摆式是上下臂通过杠杆转动来完成，一般用在大锥度机；十字拖板式通过移动使电极丝伸缩来完成，一般适用在小锥度机。

2）电气：电气部分包括机床电路、脉冲电源、驱动电源和控制系统等组成。机床电路主要控制运丝电动机和工作液泵的运行，使电极丝对工件能连续切割。脉冲电源提供电极丝与工件之间的火花放电能量，用以切割工件。驱动电源也叫驱动电路，由脉冲分配器、功率放大电路、电源电路、预放电路和其他控制电路组成。

3）工作液系统：工作液系统一般由工作液箱、工作液泵、进液管、回液管、流量控制阀、过滤网罩或过滤芯等组成，主要作用是集中放电、带走放电热量，以冷却电极丝和工件，排除电蚀产物等。

【思考与练习】

1. 请简述 DK7740 型线切割机床的传动形式。
2. 想一想：该机床应该怎样进行操作？

任务二　操作 DK7740 型线切割机床

【任务描述】

小张学习了 DK7740 型线切割机床基础知识后，在技术人员的指导下，就开始了 DK7740 型线切割机床的操作任务。技术人员还特别提醒小张，在操作 DK7740 型线切割机床时要特别注意人身安全与设备安全。

【任务目标】

1）能正确熟练操作 DK7740 型线切割机床。
2）熟练掌握 DK7740 型线切割机床的工作原理及工作过程。
3）培养学生安全操作，规范操作，文明生产的行为。

【使用材料、工具与方法】

本任务主要使用的方法是自我学习和现场操作，根据任务的目标结合材料及工具，完成本任务的相关要求。材料及工具详见表 7-3。

表 7-3　使用的材料及工具清单

序号	材料及工具名称	数量	备注
1	DK7740 型线切割机床	1 台	
2	DK7740 型数控线切割机床使用说明书	1 本	
3	大螺钉旋具(一字、十字)	各 1 把	
4	活扳手、套筒扳手等	1 套	
5	安全防护(工作服及手套等)	1 套	

【知识链接】

1. 电气原理图

DK7740 型线切割机床的电气原理图如图 7-4 所示。它分为主电路、控制和保护电路。

2. 主电路分析

主电路共有两台电动机：M1 为工作液泵电动机，用于输送加在加工工件上工作液，M 为运丝电动机，这是一台直流电动机，用以控制运丝装置（丝筒）的正反转运动。

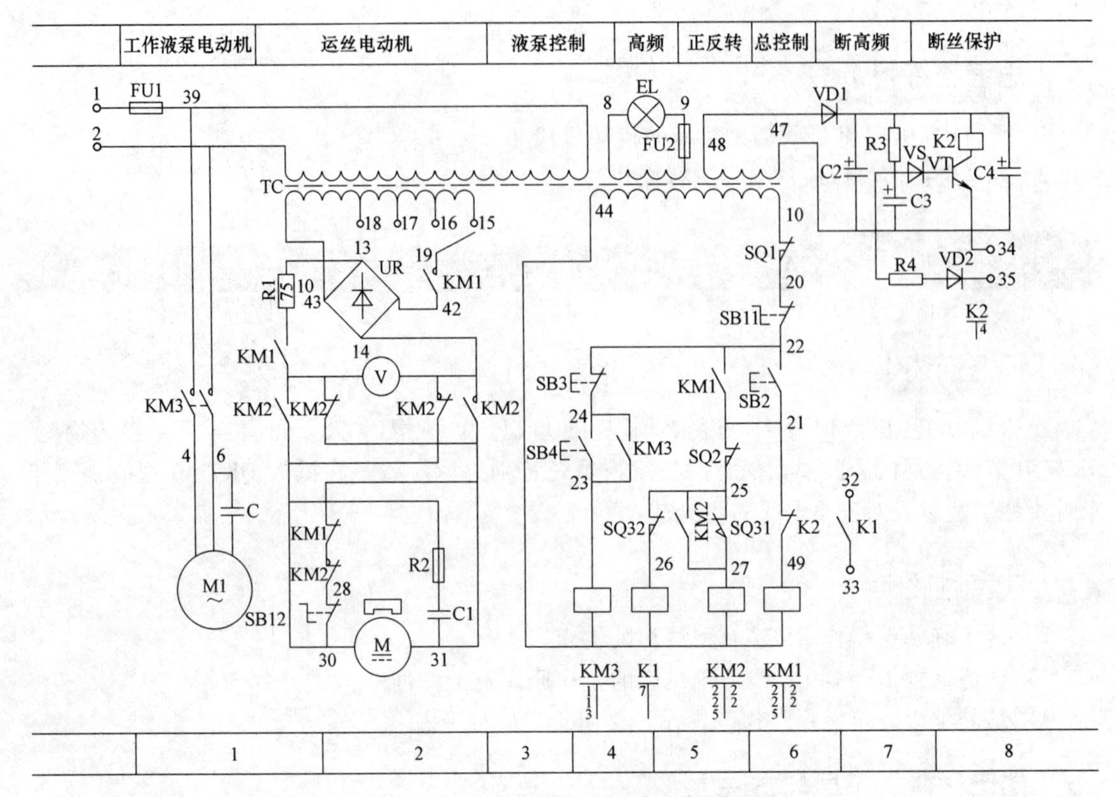

图 7-4　DK7740 型线切割机床电气原理图

整个主电路由熔断器 FU1 实现短路保护，工作液泵电动机由接触器 KM3 控制，运丝电动机 M 由接触器 KM1 和接触器 KM2 控制，变压器 TC 输出电压通过简单的桥式整流电路转换成直流电，当 KM1 接触器吸合且 KM2 不吸合时，运丝电动机 M 正转；反之，当 KM1 吸合且接触器 KM2 也吸合时，运丝电动机 M 反转。

3. 控制和保护电路分析

控制电路的电源由变压器 TC 的二次侧输出电压提供。在正常工作时，行程限位开关 SQ2 和 SQ3 都未被压住，SQ2 的常闭触头闭合，SQ3 的常闭触头闭合、常开触头断开。当电路发生短路故障时，熔断器 FU1 会断开整个电路的电源，以确保人身安全。当发生断丝时，会促发直流继电器 K2 得电，断开串联在 KM1 接触器线圈上的常闭触头，切断运丝电动机的运行，起到保护作用。

（1）工作液泵电动机 M1 的控制

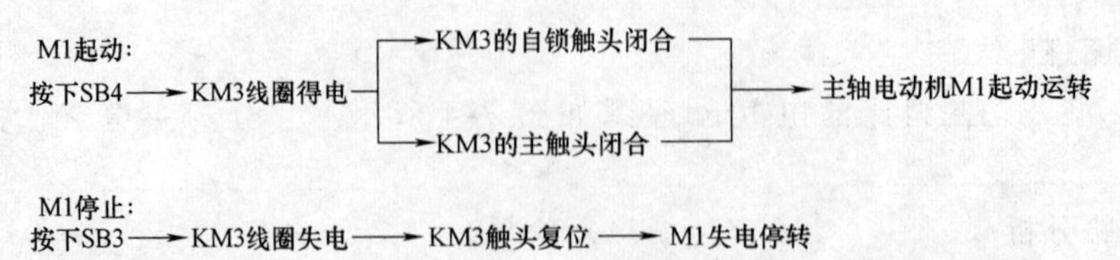

（2）运丝电动机 M 的控制　当行程限位开关 SQ2 和 SQ3 都未被压住时，按下按钮 SB2，接触器 KM1 线圈得电，KM1 的主触头和自锁触头闭合，电动机 M 得电，开始正转运行；当

压到行程限位开关 SQ3 后，其常闭触头断开、常开触头闭合，使 KM2 线圈得电，KM2 的主触头和自锁触头闭合，从而改变电动机 M 外围电路，使电动机 M 开始反转运行；当压到行程限位开关 SQ2 后，其常闭触头断开，导致 KM2 线圈失电，电动机 M 重新开始正转运行。撞块、行程开关示意图如图 7-5 所示。

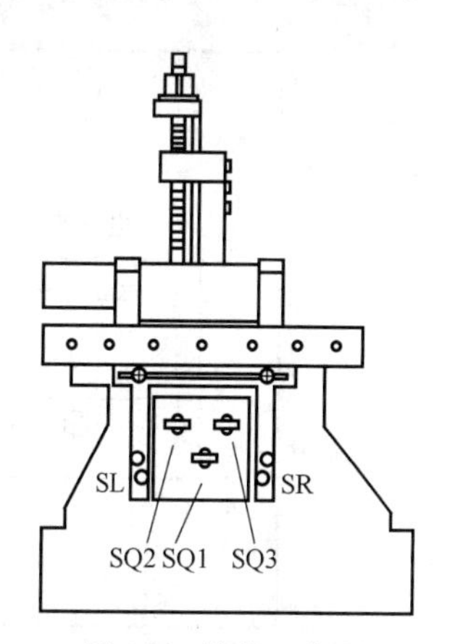

图 7-5　撞块、行程开始示意图

向右旋转一下 SB1，运丝电动机停止运行，此时 SB1 旋钮指示指向右面，丝筒上没有加制动力，将 SB1 旋钮指示恢复到左侧，丝筒在制动力的作用下很快停止转动。

（3）断丝保护　断丝保护指的是断丝后运丝电动机停转保护功能。当发生断丝现象时，在断丝保护电路中就会触发 K2 线圈得电，从而导致串联在 KM1 线圈中的 K2 常闭触头断开，迫使 KM1 线圈失电，使电动机 M 停止运行。

DK7740 型线切割机床电气部分的电器元件清单见表 7-4。

表 7-4　DK7740 型线切割机床电器元件清单（部分）

序号	代号	名称	规格型号	数量
1	TC	控制变压器	JBK-500,220V/110V/36V/24V/12V	1 台
2	KM1～KM3	交流接触器	JZC1-44(3TH82 44),AC-110V	3 个
3	K1	继电器	JTX,AC 110V	1 个
4	K2	直流继电器	HG4137,012-2Z-1	1 个
5	SQ1～SQ3	限位开关	AZ 7311	3 个
6	SB1	旋钮开关	LA18,380V	1 个
7	SB2～SB4	按钮	LA19,380V	3 个
8	FU1～FU2	熔断器	RL1-15,380V,5A	2 个
9	R1	电阻	RX-75-10Ω,±5%	1 个
10	R2	电阻	RJ-3-5.1Ω,±5%	1 个
11	R3	电阻	RJ-0.25-5.1k,±5%	1 个
12	R4	电阻	RJ-0.25-100Ω,±5%	1 个
13	C1	电容	CBB22,1μF,400V	1 个
14	C2	电解电容	CD11-25V-1000μF	1 个
15	C3	电解电容	CD11-25V-1000μF	1 个
16	C4	电解电容	CD11-16V-470μF	1 个
17	VT	晶体管	C9013	1 个
18	UR	桥式整流器	KBPC 3510	1 个
19	VS	稳压管	BZX55C,6.8V	1 个
20	VD1、VD2	二极管	IN4007	2 个

【任务实施】

图 7-6 所示为 DK7740 型线切割机床操作面板图及说明图，下面开始机床的操作。

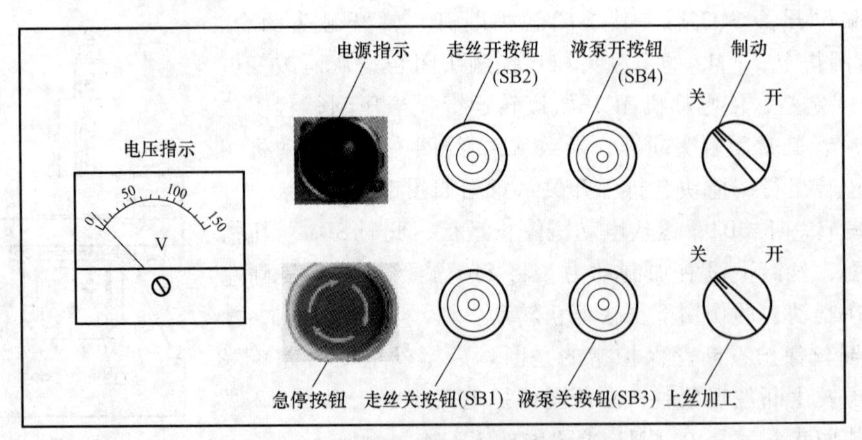

图 7-6　DK7740 型线切割机操作面板

1）将“上丝加工”旋钮 SC 置“开”档，使储丝筒运转时比较慢，做好上丝前的准备。

2）用较大的螺钉旋具穿在钼丝盘内孔上，将钼丝一端从线架排丝轮→上导轮→下导轮→储丝筒下侧穿过，固定在储丝筒左侧螺钉上。按下“走丝开按钮”SB2，储丝筒运转，即开始上丝。旋转“走丝关旋钮”SB1，再恢复到原位置，运丝电动机带制动停转，上丝结束。

3）将“上丝加工”旋钮 SC 置“关”档，左右调整储丝筒撞块架上的左右两撞块 SL、SR，使绕在储丝筒上的钼丝在将要绕完时压下 SQ2 或 SQ3 而换向。

4）当行程限位开关 SQ2 和 SQ3 都未被压住时，按下“走丝开按钮”SB2，运丝电动机开始起动运行，并自动正反转运行。

5）旋转“走丝关旋钮”SB1，运丝电动机停止运行；此时储丝筒是没有制动力的，应将“制动”旋钮旋转至“开”档，丝筒在制动力的作用下很快停止转动，停止后将“制动”旋钮旋转至“关”档。

6）按下“液泵开按钮”SB4，工作液泵运行；加在加工工件上工作液流量大小，由位于线架上的阀门控制。按下“液泵关按钮”SB3，工作液泵停止运行。

【任务评价】

至此，任务二的基本任务已经学习和操作完毕，具体的学习和操作效果可以按照表 7-5 进行测试。

表 7-5　操作机床评价表

<table>
<tr><td>姓名</td><td></td><td>开始时间</td><td colspan="3"></td></tr>
<tr><td>班级</td><td></td><td>结束时间</td><td colspan="3"></td></tr>
<tr><td>项目内容</td><td colspan="2">评分标准</td><td>扣分</td><td>自评</td><td>互评</td></tr>
<tr><td>上丝前是否具有准备工作</td><td colspan="2"></td><td></td><td></td><td></td></tr>
<tr><td>上丝过程是否正确</td><td colspan="2"></td><td></td><td></td><td></td></tr>
<tr><td>进行某物件的线切割，
操作的过程是否准确</td><td colspan="2"></td><td></td><td></td><td></td></tr>
<tr><td>是否具有安全意识</td><td colspan="2"></td><td></td><td></td><td></td></tr>
<tr><td>教师点评</td><td></td><td>成绩(教师)</td><td colspan="3"></td></tr>
</table>

【任务拓展】

线切割机床的分类：

1. 切割机床

切割机床的走丝速度为6~12mm/s，是我国独创的机种。自1970年9月由原第三机械工业部所属国营长风机械总厂研制成功了“数字程序自动控制线切割机床”，为该类机床国内首创。1972年，原第三机械工业部对工厂生产的CKX数控线切割机床进行技术鉴定，认为已经达到当时国内先进水平。1973年按照原第三机械工业部的决定，编号为CKX-1的数控线切割机床开始投入批量生产。1981年9月具有锥度切割功能的DK3220型的坐标数控机成功研制，产品的最大特点是具有1.5°锥度切割功能，完成了线切割机床的重大技术改进。随着大锥度切割技术逐步完善，变锥度、上下异形的切割加工也取得了很大的进步。大厚度切割技术的突破，横剖面及纵剖面精度有了较大提高，加工厚度可超过1000mm以上。使往复走丝线切割机床更具有一定的优势。同时满足了国内外客户的需求。这类机床的数量正以较快的速度增长，由原来年产量2千~3千台上升到年产量数万台，全国往复走丝线切割机床的存量已达20余万台，应用于各类中低档模具制造和特殊零件加工，成为我国数控机床中应用最广泛的机种之一。但由于往复走丝线切割机床不能对电极丝实施恒张力控制，故电极丝抖动大，在加工过程中易断丝。由于电极丝是反复使用，所以会造成电极丝损耗，加工精度和表面质量会降低。

2. 低速走丝线切割机

电极丝以铜线作为工具电极，一般以低于0.2mm/s的速度做单向运动，在铜线与铜、钢或超硬合金等被加工物材料之间施加60~300V的脉冲电压，并保持5~50μm间隙，间隙中充满脱离子水（接近蒸馏水）等绝缘介质，使电极与被加工物之间发生火花放电，并彼此被消耗、腐蚀，在工件表面上电蚀出无数的小坑，通过数控系统控制的监测和管控。精度可达0.001mm级，表面质量也接近磨削水平。电极丝放电后不再使用，而且采用无电阻防电解电源，一般均带有自动穿丝和恒张力装置。这种机床工作平稳、均匀，抖动小，加工精度高，表面质量好，但不宜加工大厚度工件。由于机床结构精密，技术含量高，机床价格高，因此使用成本也高。

3. 线切割机（立式回转电火花线切割机）

立式回转电火花线切割机的特点与传统的高速走丝和低速走丝电火花线切割加工均有不同，首先是电极丝的运动方式比传统两种的电火花线切割加工多了一个电极丝的回转运动；其次，电极丝走丝速度介于高速走丝和低速走丝之间，速度为1~2m/s。由于加工过程中电极丝增加了旋转运动，所以立式回旋电火花线切割机与其他类型线切割机相比，最大的区别在于走丝系统。立式回转电火花线切割机的走丝系统的走丝端和放丝端是两套结构完全相同部件，实现了电极丝的高速旋转运动和低速走丝的复合运动。两套主轴头之间的区域为有效加工区域。除走丝系统外，机床其他组成部分与高速走丝线切割机相同。

【思考与练习】

1. 请简述DK7740型线切割机床运丝电动机的控制过程。
2. 想一想：DK7740型线切割机床的操作步骤一共有几步？机床应该怎样进行操作？

任务三　DK7740型线切割机床电气控制系统的一般故障排除及调试

【任务描述】

小李经过1天的时间已了解DK7740型线切割机床的功能，结构并且能正确熟练的操作DK7740型线切割机床了。第二天，技术人员又给他布置了新任务：解决两台DK7740型线切割机床电气控制系统的不同故障，排除完成后再进行调试。

【任务目标】

1）掌握DK7740型线切割机床电气控制系统的一般故障排除方法。

2）掌握DK7740型线切割机床故障排除后的调试过程及方法。

3）学会维修工作票的使用。

4）培养学生安全操作、规范操作、文明生产的行为习惯。

【使用材料、工具与方法】

本任务主要使用的方法是自我学习和现场操作，根据任务的目标结合材料及工具，完成本任务的相关要求。材料及工具详见表7-6。

表7-6　使用的材料及工具清单

序号	材料及工具名称	数量
1	DK7740型线切割机床	1台
2	DK7740型数控线切割机床使用说明书	1本
3	大小螺钉旋具(一字、十字)	各1把
4	活扳手、套筒扳手等	1套
5	数字万用表	1个
6	剥线钳	1把
8	尖嘴钳	1把
9	电烙铁、焊锡等	1套
10	DK7740型线切割机床器件清单相关备件	若干
11	电线等	若干
12	安全防护(工作服及手套等)	1套

【知识链接】

1. 机床的维护

1）整机应经常保持清洁，停机8h以上时应用抹布擦干净并涂油防锈。

2）线架部件的导轮、导电块、排丝轮周围应经常用煤油清洗干净，清洗后的脏油不得漏在工作台上。

3）导轮、排丝轮及其轴承一般使用6~8个月后即应成套更换。

4）工作液循环系统如果发生堵塞应及时疏通，特别要防止工作液渗入机床电气部件造成短路，以致烧毁。

5）机床装有断丝停机保护机构，一旦断丝，应及时将电极丝清理干净。

6）当供电电压超过额定电压±10V 时，建议控制机电源配专用稳压电源。

7）本机床在两班制和按照使用规则的条件下，其精度保修期为一年，机床终身维修。

2. 常见易损件

因线切割机床中有很多器件是高速运转，并与运动物体紧密接触的，有一定寿命。机床正常运行一段时间后，这些器件的磨损会导致机床出现一些故障，这时就要进行更换。易损件清单见表 7-7。

表 7-7　易损件一览表

序号	名称	数量	所在部位	磨损、损坏后表现的主要症状	备注
1	前后导轮	2	上下线臂	表面粗糙度值大、钼丝跳动、效率低	
2	D24 导轮轴承	2	上下线臂	表面粗糙度值大、钼丝跳动、效率低	
3	导电块	2	上下线臂	钼丝深陷，易拉断	
4	运丝电动机电刷	2	电机内	电动机不转、划伤换向器	正常检查
5	储丝筒联轴节橡胶	1	电动机和储丝筒连接处	换向时有异常声音	
6	上下水嘴	2	上下线臂	工作液流向不正确	
7	行程限位开关	3	床身	换向不正常	

3. 维修工作票

表 7-8 所示为本任务给定的维修工作票。

表 7-8　维修工作票（范例）

设备编号	
工作任务	根据“DK7740 型线切割机床电气控制原理图” 完成电气线路故障检测与排除
工作时间	
工作条件	检测及排除故障过程：停电 观察故障现象和排除故障后试机：通电
工作许可人签名	
维修要求	1. 工作许可人签名后方可进行检修 2. 对电气线路进行检测，确定线路的故障点并排除 3. 严格遵守电工操作安全规程 4. 不得擅自改变原线路接线，不得更改电路和元器件位置 5. 完成检修后能使该机床正常工作
故障现象描述	
故障检测和排除过程	
故障点描述	

4. 常见的电气故障

DK7740 型线切割机床常见的电气故障详见表 7-9。

表 7-9 DK7740 型线切割机床常见的电气故障

序号	加工中的问题	产生的原因	排除的方法
1	工件表面有明显丝痕	1. 电极丝松动或抖丝 2. 工作台纵横运动不平衡，储丝筒运动振动大 3. 切割跟踪不稳定	1. 将电极丝收紧 2. 检查调整工作台 3. 调节电参数和变频参数
2	抖丝	1. 电极丝松动 2. 长期使用导轮轴承精度降低，导轮 V 形槽磨损 3. 储丝筒换向时冲击振动 4. 电极丝弯曲不直	1. 将电极丝张紧 2. 及时更换导轮和轴承 3. 调整或更换储丝筒联轴节 4. 更换电极丝
3	松丝	1. 电极丝绕得过松 2. 电极丝使用时间过长	1. 重新紧丝 2. 紧丝或更换电极丝
4	导轮跳动且有尖叫声，转动不灵活	1. 导轮轴声音很大 2. 工作液电浊物进入轴承 3. 长期使用轴承精度降低，导致磨损	1. 调整导轮的间隙 2. 清洗轴承 3. 更换导轮和轴承
5	断丝	1. 电极丝长期使用磨损直径变细 2. 严重抖丝 3. 加工区工作液供应不足，电浊物排出不畅 4. 工件厚度和电参数选择配合不当，经常短路 5. 储丝筒拖板换向间隙过大造成叠丝 6. 工作材质有杂质，表面有氧化皮	1. 更换电极丝 2. 检查产生抖丝的原因 3. 调节工作液流量 4. 正确选择电参数 5. 调整拖板换向间隙 6. 手动切入或去除氧化皮
6	工作精度差	1. 工作台纵横向丝杠传动、定位精度差，反向间隙大 2. 工作台纵横向导轨垂直精度差 3. 导轮跳动，轴向间隙大，导轮 V 形槽严重磨损 4. 控制机和步进电动机失灵丢步，加工程序不回“0”	1. 检查、调整垂直度 2. 更换或调整导轮及轴承
7	储丝筒不换向，导致机器总停	行程开关 SQ3 或 SQ2 损坏	更换行程开关 SQ3 或 SQ2
8	储丝筒在换向时常停转	1. 电极丝太松 2. 断丝保护电路故障	1. 张紧电极丝 2. 更换断丝保护继电器
9	储丝筒不转（按下走丝开按钮 SB2 无反应）	1. 外电源无电压 2. 电阻 R1 烧断 3. 桥式整流器 UR 损坏，造成熔断器 FU1 熔断	1. 检查外电源并排除 2. 更换电阻 R1 3. 更换整流器 UR，熔断器 FU1
10	储丝筒不转	1. 电刷磨损或转子污垢 2. 电动机 M 电源进线断	1. 更换电刷、清洁电动机转子 2. 检查进线并排除

（续）

序号	加工中的问题	产生的原因	排除的方法
11	工作灯不亮	熔断器 FU2 熔断	更换熔断器 FU2
12	工作液泵不转或转速慢	1. 工作液泵接触器 KM3 不吸合 2. 工作液泵电容损坏或容量减少	1. 按下 SB4，KM3 线包两端若有 115V 电压，则更换 KM3，若无 115V 电压，检查控制 KM3 线包电路 2. 更换同规格电容或并联上一只足够耐压的电容
13	高频电源正常，走丝正常，无高频火花（模拟运行正常切割时不走）	1. 若高频继电器 K1 不工作，则是行程开关 SQ3 常闭触头坏 2. 若高频继电器 K1 能吸合，则是高频继电器触头坏或高频输出线断	1. 更换行程开关 SQ3 2. 换高频继电器 K1，检查高频电源输出线，并排除开路故障

【任务实施】

技术人员告诉小张，在工作车间中有两台线切割机床故障不能正常工作了，现将该任务下发给小张，让小张将这台无法正常工作的机床进行排故，排除故障完成后调试该机床。

小张到其中一台机床旁，打开电源，并开始观察这台设备有什么故障现象。

1. 观察故障现象

通上电源后，通电指示灯亮，按下液泵开按钮 SB4，工作液泵没有运行，接着按下“走丝开按钮”SB2，运丝电动机正常运转，旋转“走丝关按钮”SB1，运丝电动机停转。

2. 填写故障现象

填写维修工作票“故障现象描述”一栏，即“液泵电动机无法正常运转，其余正常”。

3. 故障分析

通上电源后，通电指示灯亮，按下液泵开按钮 SB4，工作液泵没有运行，接着按下“走丝开按钮”SB2，运丝电动机正常运转，旋转“走丝关按钮”SB1，运丝电动机关闭，说明运丝电动机正常。通过分析，问题可能出在两个方面，即主电路或控制电路。主电路分析：由于运丝电动机能正常工作，可以排除电源的问题，所以需检测的路径有：$39^{\#}$-$4^{\#}$、$2^{\#}$-$6^{\#}$；控制电路分析：运丝电动机正常起停，可以排除 $10^{\#}$-$22^{\#}$线路的问题，所以需检测的路径有：$22^{\#}$-$24^{\#}$、$24^{\#}$-$23^{\#}$、$23^{\#}$-$44^{\#}$以及接触器 KM3 的好坏及其触头接触是否正常。

故障检测方法是电阻法（数字万用表）。在使用电阻法检测故障点时，必须在断电状态下操作，再使用万用表的电阻档进行故障点的查找。检测的具体步骤如下：

1）先确认设备已经断电。

2）检查万用表的表笔是否正确插入万用表插孔，把档位旋转到电阻 200Ω 档。

3）用二分法测量。如图 7-7 所示，红表笔搭在的交流接触器 KM3 的 $39^{\#}$接线端子，黑表笔搭在熔断器 FU1 的 $39^{\#}$接线端子。万用表测量电阻值显示“1”表示是开路，测量值接近 0 则是通路。（注意：在测量路径上有线圈时，有可能阻值大于

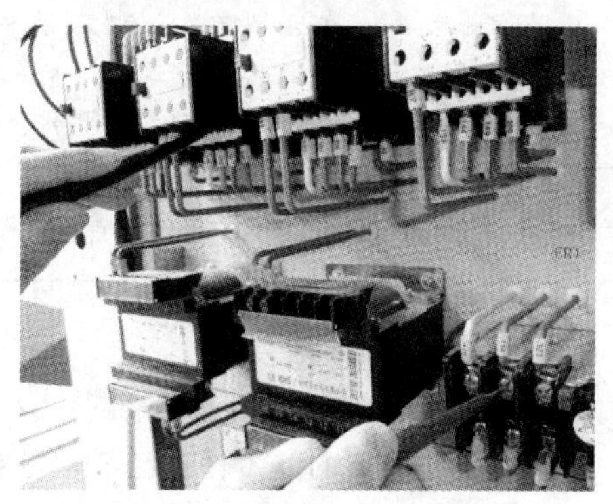

图 7-7　电阻法故障检测

200Ω 时，超出量程万用表将显示“1”。）

4）依次测量 $39^{\#}$-$4^{\#}$、$2^{\#}$-$6^{\#}$、$23^{\#}$-$44^{\#}$、$24^{\#}$-$23^{\#}$、$22^{\#}$-$24^{\#}$，查到故障点在 $2^{\#}$-$6^{\#}$ 路径之间，故障类型为开路。

4. 故障排除

经过上述检查，查到故障点为 $2^{\#}$-$6^{\#}$ 线之间断路，查看得知其中的电线由于使用时间长，出现了老化现象，导致电线内部出现断路，只要换掉该电线就可以了。

另外一台设备的故障现象为“运丝电动机只能正转，不能反转”，可以按照上述过程进行排故。

5. 填写维修工作票

填写的方法及内容详见表 7-10。

表 7-10　维修工作票

设备编号	填写这台设备在本企业的编号	
工作任务	根据“DK7740 型线切割机床电气控制原理图” 完成电气线路故障检测与排除	
工作时间	填写工作起止时间，例： 自 2016 年 10 月 22 日 9 时 00 分至 2016 年 10 月 22 日 10 时 30 分	
工作条件	检测及排除故障过程：停电 观察故障现象和排除故障后试机：通电	
工作许可人签名	车间主任签名（例）	
维修要求	1. 工作许可人签名后方可进行检修 2. 对电气线路进行检测，确定线路的故障点并排除 3. 严格遵守电工操作安全规程 4. 不得擅自改变原线路接线，不得更改电路和元器件位置 5. 完成检修后能使该机床正常工作	
故障现象描述	工作液泵电动机无法正常运转，其余正常	运丝电动机只能正转，不能反转
故障检测和排除过程	用二分法，把万用表的一支表笔（黑表笔或红表笔），搭在所分析故障路径的起始一端（或末端），依次测量 $39^{\#}$-$4^{\#}$、$2^{\#}$-$6^{\#}$、$23^{\#}$-$44^{\#}$、$24^{\#}$-$23^{\#}$、$22^{\#}$-$24^{\#}$，查到故障点在 $2^{\#}$-$6^{\#}$ 路径之间，故障类型为开路	用二分法，把万用表的一支表笔（黑表笔或红表笔），搭在所分析故障路径的起始一端（或末端），依次测量 $27^{\#}$-$44^{\#}$、$27^{\#}$-$25^{\#}$、$21^{\#}$-$25^{\#}$ 等，查到故障点在 $25^{\#}$-$27^{\#}$ 路径之间，故障类型为开路
故障点描述	$2^{\#}$-$6^{\#}$ 路径之间线路断开	$25^{\#}$-$27^{\#}$ 行程开关接触不良

【任务评价】

至此，任务三的基本任务已经学习和操作完毕，具体的学习和操作效果可以按照表7-11进行测试。

表 7-11　机床电气故障排除评价表

姓名		开始时间		
班级		结束时间		
项目内容	评分标准	扣分	自评	互评
在电气原理图上标出故障范围	不能准确标出或标错,扣 10 分			
按规定的步骤操作	错一次扣 10 分			
判断故障准确	错一次扣 10 分			
正确使用电工工具和仪表	损坏工具和仪表扣 50 分			
场地整洁,工具仪表摆放整齐	一项不符扣 5 分			
文明生产	违反安全生产的规定,违反一项扣 10 分			
教师点评		成绩(教师)		

【任务拓展】

1. 线切割机床的操作规程

1）检查电路系统的开关旋钮，开启交流稳压电源，先开电源开关，后开高压开关，5min 后方可与负载连接。

2）控制台在开启电源开关后，应先检查稳压电源的输出数据及氖灯数码管是否正常，输入信息约 5min，进行试运算，正常后，方可加工。

3）线切割高频电源开关加工前应放在关断位置，在钼丝运转情况下，方可开启高频电源，并应保持在 60~80V 为宜。停车前应先关闭高频电源。

4）切割加工时，应加切削液。钼丝接触工件时，应检查高频电源的电压与电液值是否正常，切不可在拉弧情况下加工。

5）发生故障，应立即关闭高频电源，分析原因，电箱内不准放入其他物品，尤其是金属器材。

6）禁止用手或导体接触电极丝或工件，也不准用湿手接触开关或其他电气部分。

2. 安全指导

操作者必须熟悉机床的性能与结构，掌握操作程序，严格遵守安全守则和操作维护规程。非指定人员不得随便动用设备，室内有安全防火措施。开动机床前应先做好下列工作：

1）检查机床各部件是否完好，定期调整水平。按润滑规定加足润滑油和在工作液箱盛满皂化油水液，并保持清洁，检查各管道接头是否接牢。

2）检查机床与控制箱的连线是否接好，输入信号是否与拖板移动方向一致，并将高频脉冲电源调好。

3）检查工作台纵横向行程是否灵活，滚丝筒拖板往复移动是否灵活，并将滚丝筒拖板移至行程开关在两挡板的中间位置。行程开关挡块要调在需要的范围内，以免开机时滚丝筒拖板冲出造成脱丝。关闭运丝电动机必须在滚丝筒移动到中间位置时关闭电源，切勿在将要换向时关闭，以免惯性作用使滚丝筒拖板移动而冲断钼丝，甚至造成丝杠螺母脱丝。上述检查无误后，方可开机。

4）安装工件，将需切割的工件置于安装台用压板螺钉固定，在切割整个型腔时，工件和安装台不能碰着线架，如切割凹模，则应在安装钼丝穿过工件上的预留孔，经找正后才能切割。

5）切割工件时，先起动滚丝筒，按走丝按钮，待导轮转动后再起动工作液电动机，打开工作液阀。如在切割途中停车或加工完毕停机时，必须先关变频，切断高频电源，再关工作液泵，待导轮上工作液甩掉后，最后关断运丝电动机。

6）工作液应保持清洁，管道畅通，为减少工作液中的电蚀物，可在工作台及回水槽和工作液箱内放置泡沫塑料进行过滤，并定期洗清工作液箱、过滤器，更换工作液。

7）经常保持工作台拖板、滚珠丝杠及滚动导轨的清洁，切勿使灰尘等进入，以免影响运动精度。

8）如滚丝筒在换向时有抖丝或振动情况，应立即停止使用，检查有关零件是否松动，并及时调整。

9）每周应有1~2次用煤油射入导轮轴承内，以保持清洁和使用寿命。

10）要特别注意对控制台装置的精心维护，保持清洁。

11）操作者不得乱动电器元件及控制台装置，发现问题应立即停机，通知维修人员检修。

12）工作结束或下班时要切断电源，擦拭机床及控制的全部装置，保持整洁，最好用罩将计算机全部盖好，清扫工作场地（要避免灰尘飞扬）特别是机床的导轨滑动面擦干净，并加好油，认真做好交接班及运行记录。

【思考与练习】

1. 请简述该机床故障排除的方法及过程。
2. 如果工作灯不亮，分析故障原因。

项目八 CKD6140i型数控车床的电气调试及故障排除

【工作场景】

小李是某企业的数控机床维修工，最近，企业为了提高生产效益，进行了数控设备升级，购买了一台 CKD6140i 型数控车床（见图 8-1）。由于运输途中的颠簸，这台数控车床出现故障，现根据工作安排，要求小李在两天时间内对这台数控车床进行电气调试，排除所有故障。但是小李以前只维修过普通车床，没有接触过数控车床，于是，小李找到了技师刘师傅，刘师傅给了他一些关于数控车床维修的相关资料进行学习，并要求他在半天时间内弄懂设备的电气控制部分，然后再对数控车床进行调试与维修，于是一天的忙碌开始了。

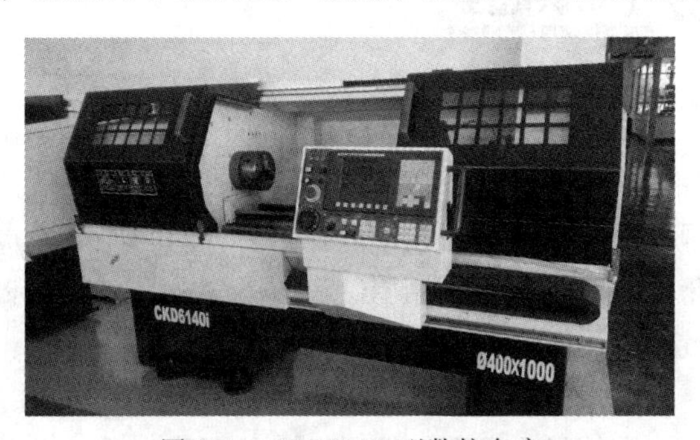

图 8-1　CKD6140i 型数控车床

【学习目标】

1）了解 CKD6140i 型数控车床的功能、结构和运动形式。

2）能对 CKD6140i 型数控车床进行电气控制系统的一般故障排除及排除后的调试。

3）培养学生安全操作、规范操作、文明生产的行为习惯。

任务一　认识 CKD6140i 型数控车床

【任务描述】

对于刘师傅给的一堆资料，小李无从下手，于是他硬着头皮再去问刘师傅，刘师傅就给他布置了第一个任务：认识 CKD6140i 型数控车床，主要是了解 CKD6140i 型数控车床的功能、结构和运动形式。于是小李从这堆资料中找到了 CKD6140i 型数控车床的说明书开始了学习。

【任务目标】

了解 CKD6140i 型数控车床的功能、结构和运动形式。

【使用材料、工具与方法】

本任务主要使用的方法是自我学习，根据任务的目标结合材料及工具，完成本任务的相关要求。材料及工具详见表 8-1。

表 8-1 使用的材料及工具清单

序号	材料及工具名称	数量	备注
1	CKD6140i 型数控车床	1 台	
2	CKD6140i 型数控车床及相关使用说明书	1 本	

【知识链接】

1. 数控技术

数控（Numerical Control，NC）技术是指用数字、文字和符号组成的数字指令来实现一台或多台机械设备动作控制的技术。数控一般是采用通用或专用计算机实现数字程序控制，因此数控也称为计算机数控（Computerized Numerical Control，CNC），国外一般都称数控车床为 CNC，很少再用 NC 这个概念了。它所控制的通常是位置、角度、速度等机械量和与机械能量流向有关的开关量。

2. 数控机床简介

数控机床是数字控制机床的简称，是一种装有程序控制系统的自动化机床。该控制系统能够逻辑地处理具有控制编码或其他符号指令规定的程序，并将其译码，从而使机床动作并加工零件。配备多工位刀塔或动力刀塔，机床就具有广泛的加工工艺性能，可加工直线圆柱、斜线圆柱、圆弧和各种螺纹、槽、蜗杆等复杂工件，具有直线插补、圆弧插补等各种补偿功能，并在复杂零件的批量生产中发挥了良好的经济作用。

3. 数控机床的特点

数控机床与普通机床相比，数控机床有如下特点：

1）加工精度高，具有稳定的加工质量。

2）可进行多坐标的联动，能加工形状复杂的零件。

3）加工零件改变时，一般只需要更改数控程序，可节省生产准备时间。

4）机床本身的精度高、刚性大，可选择有利的加工用量，生产效率高（一般为普通机床的 3~5 倍）。

5）机床自动化程度高，可以减轻劳动强度。

6）对操作人员的素质要求较高，对维修人员的技术要求更高。

4. 数控机床组成

（1）主机　主机是数控机床的主体，包括机床身、立柱、主轴、进给机构等机械部件，它是用于完成各种切削加工的机械部件。

（2）数控装置　数控装置是数控机床的核心，包括硬件（印制电路板、CRT 显示器、

键盒、纸带阅读机等）以及相应的软件，用于输入数字化的零件程序，并完成输入信息的存储、数据的变换、插补运算以及实现各种控制功能。

（3）驱动装置　驱动装置是数控机床执行机构的驱动部件，包括主轴驱动单元、进给单元、主轴电动机及进给电动机等。它在数控装置的控制下通过电气或电液伺服系统实现主轴和进给驱动。当几个进给单元联动时，可以完成定位、直线、平面曲线和空间曲线的加工。

（4）辅助装置　辅助装置指数控机床的一些必要的配套部件，用以保证数控机床的运行，如冷却、排屑、润滑、照明和监测等。它包括液压和气动装置、排屑装置、交换工作台、数控转台和数控分度头，还包括刀具及监控检测装置等。

（5）编程及其他附属设备　附属设备可用来在机外进行零件的程序编制和存储等。

【任务实施】

1. 了解型号的意义

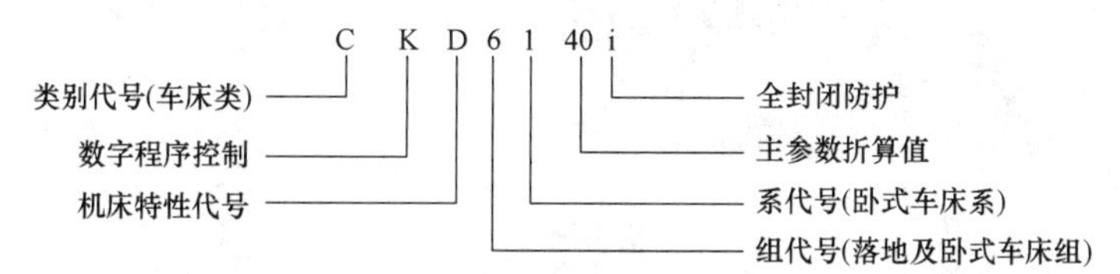

2. 了解 CKD6140i 型数控车床的结构

CKD6140i 型数控车床外观如图 8-1 所示。各部分的结构及功能见表 8-2。

表 8-2　结构及功能表

结构部件名称	结构示图	功能作用
机床防护门		加工时防止加工的铁屑飞出
操作面板		进行数控编程，控制数控车床的运动形式
刀架进给台		承载刀架进给运动

（续）

结构部件名称	结构示图	功能作用
短锥自定心卡盘		自定中心夹紧或撑紧外表面或内表面为圆形、三角形、六边形的各种工件
数控转塔刀架		加工工件
导轨		引导进给滑板运行轨迹
电气控制柜		实现机床各部分的供电及动力控制

3. CKD6140i 型数控车床的运动形式

CKD6140i 型数控车床对工件的加工形式主要采用切削加工，即利用刀具和工件的相对运动，把工件毛坯上多余的金属材料（即余量）切除，从而获得图样所要求的零件。与其他方法相比，金属切削加工可获得较复杂的工件形状，较小的表面粗糙度值，较高的尺寸精度、表面形状精度和位置精度。所以，金属切削加工在实际生产中应用特别广泛。

这种刀具和工件的相对运动，称为切削运动。切削运动由金属切削数控车床来完成，有直线运动和回转运动两种基本运动。但按切削运动在切削加工中所起的作用，切削运动分为主运动和进给运动。

（1）数控车床主运动　直接切除工件上多余的金属层，使之成为切屑，从而形成工件新表面的运动，称为主运动。主运动的特征是速度最高、消耗功率最大。在切削加工中，主运动只有一个，其形式是直线运动或回转运动。在车削外圆时，工件的旋转运动是主运动。

（2）数控车床进给运动　不断地把切削层投入切削，以逐渐切出整个工件表面的运动，称为进给运动。进给运动的速度较低，消耗的功率较少。进给运动可以是连续的或断续的，其形式可以是直线运动、旋转运动或两者的组合。进给运动有一个、几个或者没有。在车削外圆中，车刀的纵向连续直线运动就是进给运动。主运动和进给运动可以由工件或刀具分别完成，也可由刀具单独完成。

（3）数控车床合成运动　合成运动是主运动与进给运动的组合。

【任务评价】

至此，任务一的基本任务已经学习完毕，学习效果可按照表 8-3 进行测试。

表 8-3　操作机床评价表

姓名		开始时间			
班级		结束时间			
项目内容	评分标准		扣分	自评	互评
说明 CKD6140i 的型号意义					
简述 CKD6140i 型数控车床的结构					
分析 CKD6140i 型数控车床的各种运动形式					
教师点评		成绩（教师）			

【任务拓展】

了解其他的数控设备

1. 按加工工艺方法分类

（1）金属切削类数控机床　与传统的车、铣、钻、磨、齿轮加工相对应的数控机床有数控车床、数控铣床、数控钻床、数控磨床、数控齿轮加工机床等。尽管这些数控机床在加工工艺方法上存在很大差别，具体的控制方式也各不相同，但机床的动作和运动都是数字化控制的，具有较高的生产率和自动化程度。

在普通的数控机床加装一个刀库和换刀装置就成为数控加工中心机床。加工中心机床进一步提高了普通数控机床的自动化程度和生产效率。例如铣、镗、钻加工中心，它是在数控铣床基础上增加了一个容量较大的刀库和自动换刀装置形成的，工件一次装夹后，可以对箱体零件的四面甚至五面大部分加工工序进行铣、镗、钻、扩、铰以及攻螺纹等多工序加工，特别适合箱体类零件的加工。加工中心机床可以有效地避免由于工件多次安装造成的定位误差，减少了机床的台数和占地面积，缩短了辅助时间，大大提高了生产效率和加工质量。

（2）特种加工类数控机床　除了切削加工数控机床以外，数控技术也大量用于数控电火花线切割机床、数控电火花成型机床、数控等离子弧切割机床、数控火焰切割机床以及数控激光加工机床等。

（3）板材加工类数控机床 常见的应用于金属板材加工的数控机床有数控压力机、数控剪板机和数控折弯机等。

近年来，其他机械设备中也大量采用了数控技术，如数控多坐标测量机、自动绘图机及工业机器人等。

2. 按控制运动轨迹分类

（1）点位控制数控机床 点位控制数控机床的特点是机床移动部件只能实现由一个位置到另一个位置的精确定位，在移动和定位过程中不进行任何加工。机床数控系统只控制行程终点的坐标值，不控制点与点之间的运动轨迹，因此几个坐标轴之间的运动无任何联系，可以几个坐标同时向目标点运动，也可以各个坐标单独依次运动。

这类数控机床主要有数控坐标镗床、数控钻床、数控冲床和数控点焊机等。点位控制数控机床的数控装置称为点位数控装置。

（2）直线控制数控机床 直线控制数控机床可控制刀具或工作台以适当的进给速度，沿着平行于坐标轴的方向进行直线移动和切削加工，进给速度根据切削条件可在一定范围内变化。

直线控制的简易数控车床，只有两个坐标轴，可加工阶梯轴。直线控制的数控铣床，有3个坐标轴，可用于平面的铣削加工。现代组合机床采用数控进给伺服系统，驱动带有多轴箱的动力头轴向进给，进行钻镗加工，它也可算是一种直线控制数控机床。

数控镗铣床、加工中心等机床，它的各个坐标方向的进给运动的速度能在一定范围内进行调整，兼有点位和直线控制加工的功能，这类机床应该称为点位/直线控制的数控机床。

（3）轮廓控制数控机床 轮廓控制数控机床能够对两种或两种以上运动的位移及速度进行连续相关的控制，使合成的平面或空间的运动轨迹能满足零件轮廓的要求。它不仅能控制机床移动部件的起点与终点坐标，而且能控制整个加工轮廓上每一点的速度和位移，将工件加工成要求的轮廓形状。

常用的数控车床、数控铣床、数控磨床就是典型的轮廓控制数控机床。数控火焰切割机、数控电火花加工机床以及数控绘图机等也采用了轮廓控制系统。轮廓控制系统的结构要比点位/直线控系统更为复杂，在加工过程中需要不断进行插补运算，然后进行相应的速度与位移控制。

现在计算机数控装置的控制功能均由软件实现，增加轮廓控制功能不会带来成本的增加。因此，除少数专用控制系统外，现代计算机数控装置都具有轮廓控制功能。

3. 按驱动装置的特点分类

（1）开环控制数控机床 这类数控机床的控制系统没有位置检测元件，伺服驱动部件通常为反应式步进电动机或混合式伺服步进电动机。数控系统每发出一个进给指令，经驱动电路功率放大后，驱动步进电动机旋转一个角度，再经过齿轮减速装置带动丝杠旋转，通过丝杠螺母机构转换为移动部件的直线位移。移动部件的移动速度与位移量是由输入脉冲的频率与脉冲数所决定的。此类数控机床的信息流是单向的，即进给脉冲发出去后，实际移动值不再反馈回来，所以称为开环控制数控机床。

开环控制系统的数控机床结构简单，成本较低。但是，系统对移动部件的实际位移量不进行监测，也不能进行误差校正。因此，步进电动机的失步、步距角误差、齿轮与丝杠等传

动误差都将影响被加工零件的精度。开环控制系统仅适用于加工精度要求不很高的中小型数控机床，特别是简易经济型数控机床。

（2）闭环控制数控机床　闭环控制数控机床是在机床移动部件上直接安装直线位移检测装置，直接对工作台的实际位移进行检测，将测量的实际位移值反馈到数控装置中，与输入的指令位移值进行比较，用差值对机床进行控制，使移动部件按照实际需要的位移量运动，最终实现移动部件的精确运动和定位。从理论上讲，闭环系统的运动精度主要取决于检测装置的检测精度，也与传动链的误差无关，因此其控制精度高。图 8-2 所示为闭环控制数控机床的系统框图。图中 A 为速度传感器、C 为直线位移传感器。当位移指令值发送到位置比较电路时，若工作台没有移动，则没有反馈量，指令值使得伺服电动机转动，通过 A 将速度反馈信号送到速度控制电路，通过 C 将工作台实际位移量反馈回去，在位置比较电路中与位移指令值相比较，用比较后得到的差值进行位置控制，直至差值为零时为止。这类控制的数控机床，因把机床工作台纳入了控制环节，故称为闭环控制数控机床。

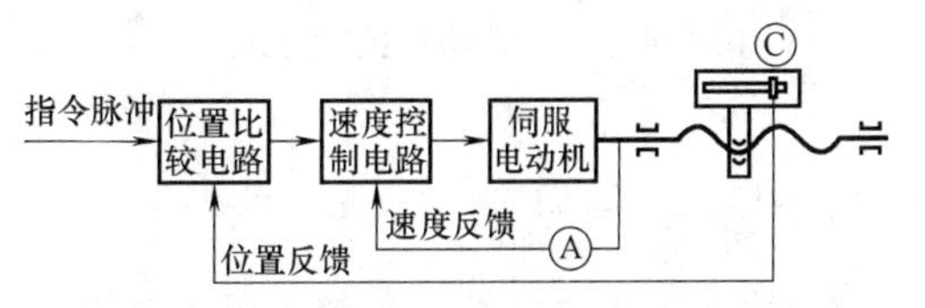

图 8-2　闭环控制数控机床的系统框图

闭环控制数控机床的定位精度高，但调试和维修都较困难，系统复杂，成本高。

（3）半闭环控制数控机床　半闭环控制数控机床是在伺服电动机的轴或数控机床的传动丝杠上装有角位移电流检测装置（如光电编码器等），通过检测丝杠的转角间接地检测移动部件的实际位移，然后反馈到数控装置中去，并对误差进行修正。图 8-3 所示为半闭环控制数控机床的系统框图。通过测速元件 A 和光电编码盘 B 可间接检测出伺服电动机的转速，从而推算出工作台的实际位移量，将此值与指令值进行比较，用差值来实现控制。由于工作台没有包括在控制回路中，因而称为半闭环控制数控机床。

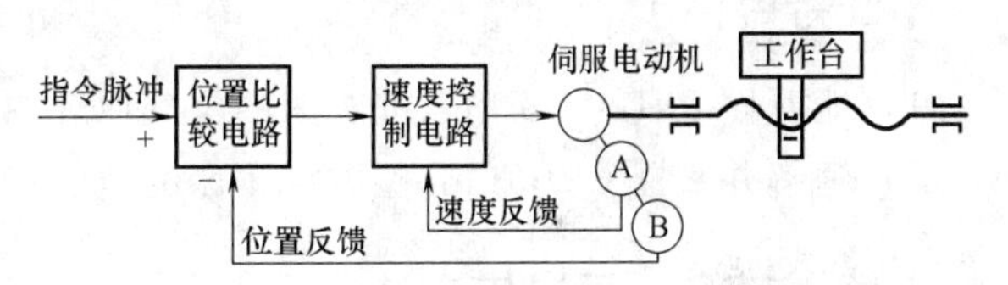

图 8-3　半闭环控制数控机床的系统框图

半闭环控制数控系统的调试比较方便，并且具有很好的稳定性。目前大多将角度检测装置和伺服电动机设计成一体，这样，使结构更加紧凑。

（4）混合控制数控机床　将以上三类数控机床的特点结合起来，就形成了混合控制数控机床。混合控制数控机床特别适用于大型或重型数控机床，因为大型或重型数控机床需要较高的进给速度与相当高的精度，其传动链惯量与力矩大，如果只采用全闭环控制，机床传动链和工作台全部置于控制闭环中，闭环调试比较复杂。混合控制系统又分为两种形式：

1）开环补偿型。如图 8-4 所示，它的基本控制选用步进电动机的开环伺服机构，另外附加一个校正电路。用装在工作台的直线位移测量元件的反馈信号校正机械系统的误差。

2）半闭环补偿型。如图 8-5 所示，它是用半闭环控制方式取得高精度控制，再用装在工作台上的直线位移测量元件实现全闭环修正，以获得高速度与高精度的统一。

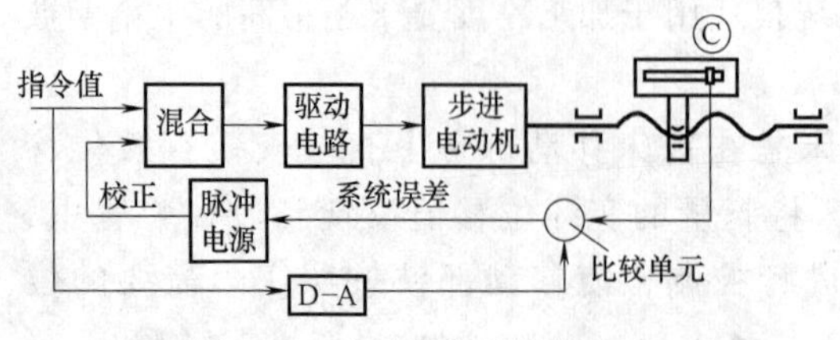

图 8-4　开环补偿型控制方式

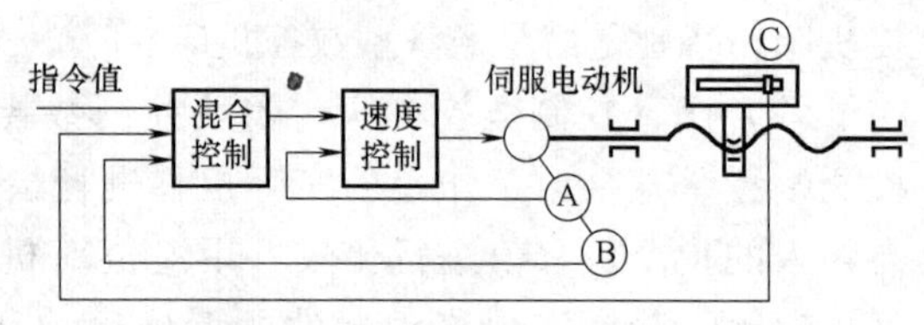

图 8-5　半闭环补偿型控制方式

【思考与练习】

1. 数控机床电气控制系统由哪些部分组成？

2. CKD6140i 型数控车床的运动形式有哪几种类型？

任务二　了解 CKD6140i 型数控车床的电气控制原理

【任务描述】

小李了解了 CKD6140i 型数控车床知识后，刘师傅又给他布置了第二个任务：了解 CKD6140i 型数控车床的电气控制原理。

【任务目标】

1）能看懂 CKD6140i 型数控车床的电气原理图。

2）理解并掌握 CKD6140i 型数控车床的电气控制原理。

【使用材料、工具与方法】

本任务主要使用的方法是自我学习和现场操作，根据任务的目标结合材料及工具，完成本任务的相关要求。材料及工具详见表 8-4。

表 8-4　使用的材料及工具清单

序号	材料及工具名称	数量	备注
1	CKD6140i 型数控车床	1 台	
2	CKD6140i 型数控车床电气使用说明书	1 本	

【知识链接】

1. 数控机床电气控制系统的组成

数控机床电气控制系统由数控装置、进给伺服系统、主轴伺服系统、数控机床强电控制系统等组成，如图 8-6 所示。

数控装置是数控机床电气控制系统的控制中心，它能够自动地对输入的数控加工程序进行处理，将数控加工程序信息按两类控制量分别输出：一类是连续控制量，送往伺服系统；另一类是离散的开关控制量，送往数控机床强电控制系统，从而协调控制数控机床各部分的

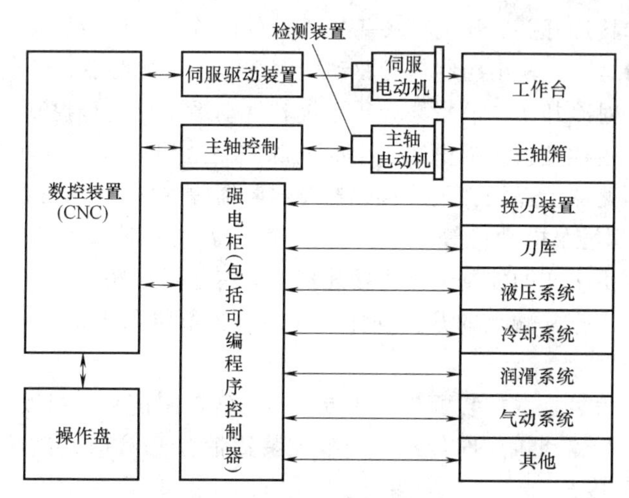

图 8-6　数控机床电气控制系统的组成

运动，完成数控机床所有运动的控制。由图 8-2 可知，数控机床的控制任务是实现对主轴和进给系统的控制，同时还要完成相关辅助装置的控制。从数控机床最终要完成的任务来看，主要有以下 3 个方面的控制内容：

（1）主轴运动控制　和普通机床一样，主轴运动主要是完成切削任务，其动力约占整台数控机床动力的 70%～80%，它主要是控制主轴的正转、反转和停止，可自动换档及调速；对加工中心和切削中心还必须具有定向控制和主轴控制。

（2）进给运动控制　数控机床区别于普通机床最根本的地方在于它是用电气驱动替代机械驱动，数控机床的进给运动是由进给伺服系统完成的。进给伺服系统包括伺服驱动装置、伺服电动机、进给传动链及位置检测装置，如图 8-7 所示。

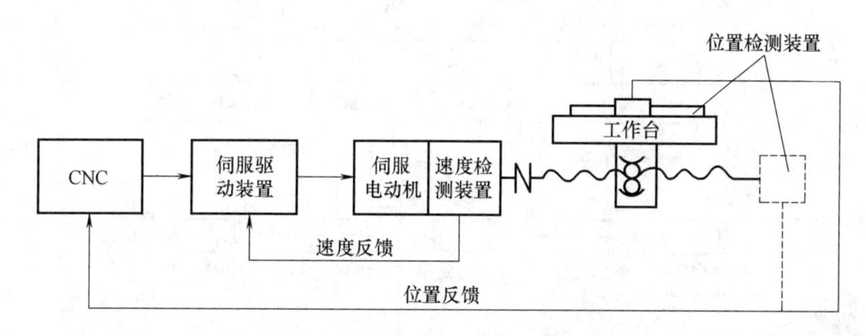

图 8-7　数控机床进给伺服系统

伺服控制的最终目的是实现对数控机床工作台或刀具的位置控制，伺服系统中所采取的一切措施都是为了保证进给运动的位置精度，如对机械传动链进行预紧和间隙调整，采用高精度的位置检测装置，采用高性能的伺服驱动装置和伺服电动机，提高数控系统的运算速度等。

（3）强电控制　数控装置对加工程序处理后输出的控制信号除了对进给运动轨迹进行连续控制外，还对数控机床的各种状态进行控制，包括主轴的调速、主轴的正/反转及停止、冷却和润滑装置的起动和停止、刀具自动交换装置、工件夹紧和放松及分度工作台转位等。例如通过对数控机床程序的继存器状态、数控机床操作面板上的控制开关及分布在数控机床各部位的行程开关、接近开关、压力开关等输入元件的检测，由数控装置内的可编程序控制器（PLC）进行逻辑运算，输出控制信号驱动中间继电器、接触器、熔断器、电磁阀及电磁制动器等输出元件，对冷却泵、润滑泵液压系统和气动系统等进行控制。

电源及保护电路由数控机床强电线路中的电源控制电路构成，强电线路由电源变压器、控制变压器、各种断路器、保护开关、接触器及熔断器等连接而成，以便为辅助交流电动机（如冷却泵电动机、润滑泵电动机等）、电磁铁、离合器及电磁阀等功率执行元件供电。强电线路不能与在低压下工作的控制电路直接连接，只有通过断路器、中间继电器等元件，转换成在直流低电压下工作的触点的开关动作，才能成为继电器逻辑电路和PLC可接收的电信号，反之亦然。

开关信号和代码信号是数控装置与外部传送的I/O控制信号。当数控机床不带PLC时，这些信号直接在数控装置和机床间传送；当数控装置带有PLC时，这些信号除极少数的高速信号外均通过PLC传送。

2. 了解CKD6140i型数控车床控制系统

CKD6140i型数控车床的电气控制系统是由CNC控制部分、交流伺服驱动部分及中、强电控制部分构成。伺服驱动单元、伺服电动机、CNC控制单元构成半闭环控制，使机床加工、定位精度高；PLC内附于CNC内部，使得机床运行更加可靠、稳定。

CKD6140i数控机床控制系统框图如图8-8所示。

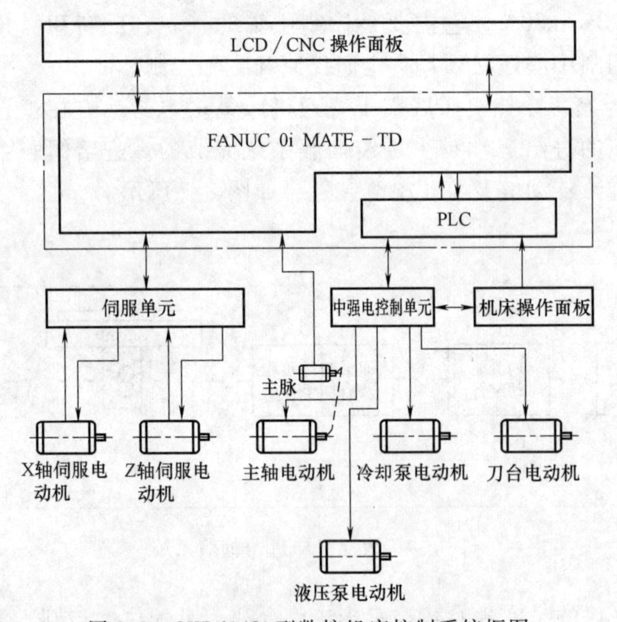

图8-8 CKD6140i型数控机床控制系统框图

3. 了解CKD6140i型数控车床的电源控制系统

CKD6140i型数控车床的电源电路如图8-9所示。

图中，SQ00为门控开关，起到开门断电保护的作用；TM1为伺服变压器，将380V电压转变为210V，为伺服变压器提供工作电源；TC1为控制变压器，它能够将380V交流电压转变为220V/130V·A、220V/250V·A和26V/250V·A交流电压，为后续的低压控制器件提供工作电源；TC2为空调控制变压器，为电气柜空调提供工作电源。

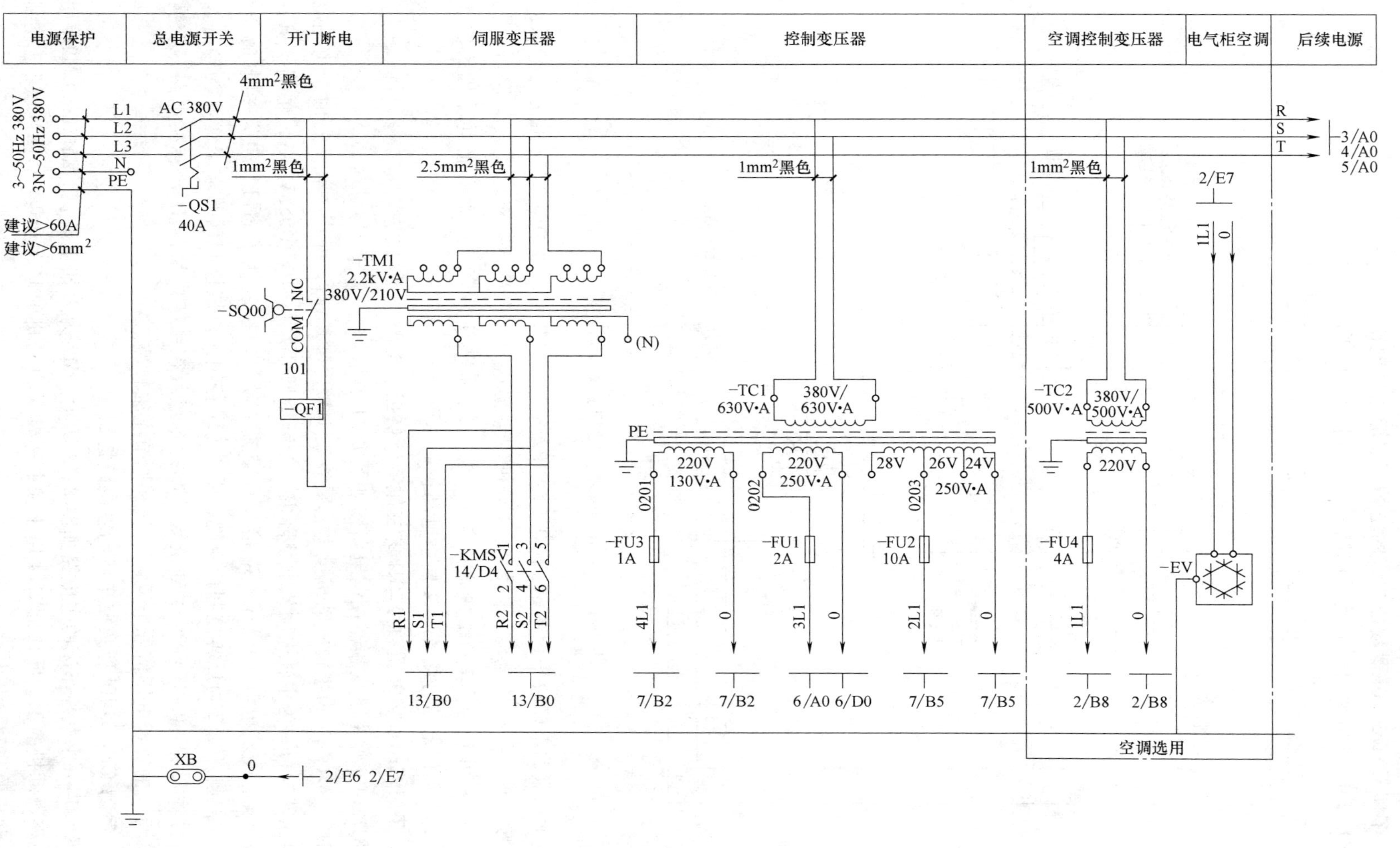

图 8-9　CKD6140i 数控车床电源电路图

4. 了解 CKD6140i 型数控车床的主轴伺服驱动器电路

CKD6140i 型主轴伺服驱动器控制电路图如图 8-10 所示。

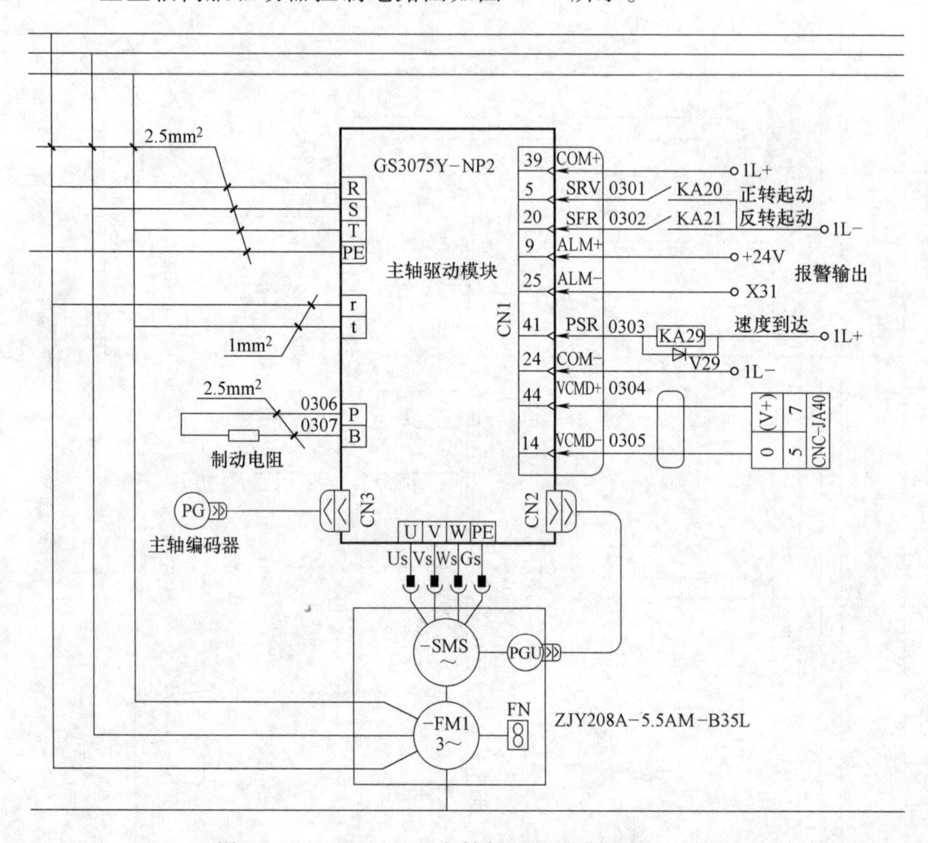

图 8-10　CKD6140i 型主轴伺服驱动器控制电路图

主轴伺服驱动模块采用的是 GS3075Y-NP2，主端子 R、S、T 接电网三相交流电源，U、V、W 接主轴三相交流电动机。伺服电动机的输出端子 U、V、W 对应连接伺服电动机的 Us、Vs、Ws 端子。CN2 为控制命令端子，接系统的 PGU 插座，用于伺服电动机的位置控制；CN3 为编码器信号端子，接伺服电动机的编码器。

5. 了解 CKD6140i 型数控车床的主轴变频器控制电路

CKD6140i 型主轴变频器控制电路图如图 8-11 所示。

图中，M1FAN 为主轴电动机风扇，受控于 KA20 和 KA21，即当主轴运行时，主轴电动机风扇立即运行，为主轴电动机散热降温。变频器型号为台达 VFD055V43A，主端子 R、S、T 接电网三相交流电源，U、V、W 接三相交流电动机。控制端子 M11 为正转控制命令端，受 KA20 控制，M12 为反转控制命令端，受 KA21 控制。模拟控制回路端子 AVI 为频率设定电压信号输入端（0～10V），主轴位置控制指令经数控系统内部的 D-A 转换电路，变换为 0～10V 可调的直流电压信号送至 AVI 端，调节主轴转速。

6. 了解 CKD6140i 型数控车床的主电路控制

CKD6140i 型数控车床的主电路如图 8-12 所示。M2 为刀架电动机，KM2F、KM2R 用于控制刀架电动机的正、反转，KM4 用于控制冷却泵电动机的起动和停止，KM5 用于控制液压泵电动机的起动和停止。

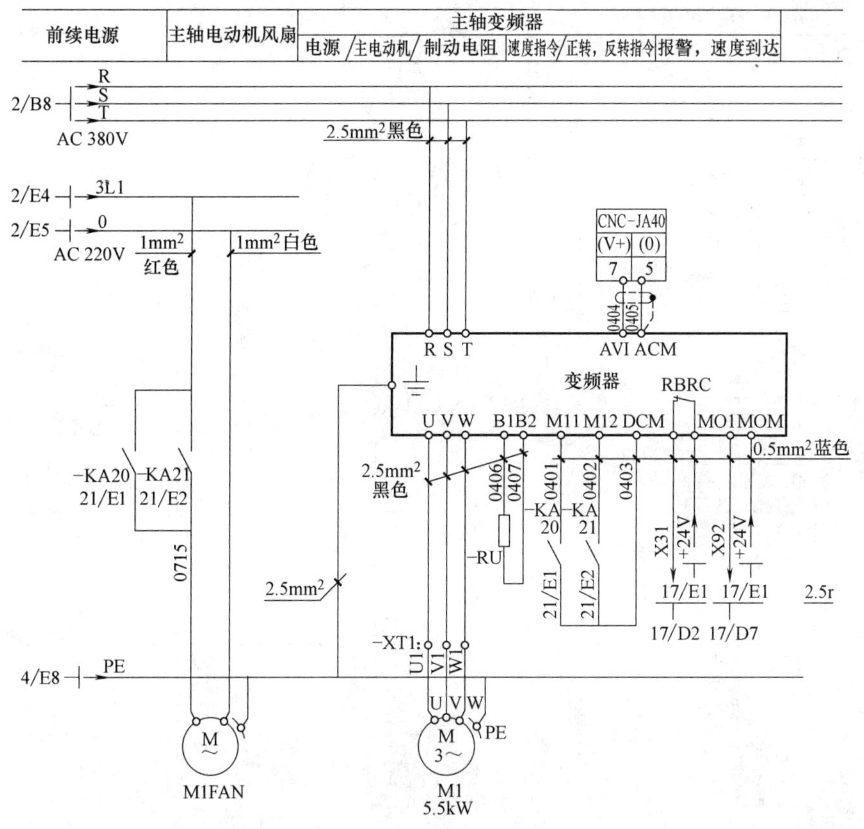

图 8-11 CKD6140i 型主轴变频控制原理图

【任务实施】

1. 开启电源

在进行加工前，要先开启电源，即让电动机运行并初始化，然后处于等待命令的状态。开启的方法是按下 ON 键，当旁边指示灯的红灯亮时，说明现在机床的电源开启，可以进行运动和加工。按下 OFF 按钮后，机床将切断电源，同时红色电源灯熄灭。

2. 对刀和设置参数

启动电源和最基本的环境设置以后，接着进行对刀和参数设置。

1）回零操作：把运行模式选择为“zero return”模式，然后按下按钮 X，就回到 X 轴方向的零点，再按下按钮 Z，回到 Z 轴方向的零点。

2）参数设置：按下 MENU 按钮，将出现选项菜单设置屏幕，如图 8-13 所示。

默认显示的是“参数”子菜单屏幕，此时可以修改的系统参数有以下几个。

① 进给率：默认为 400mm/min，进给速度最低为零，最大值由具体的机床决定。

② 主轴转速范围：默认为 1000r/min（在系统菜单中显示为 rpm）。范围由具体的机床决定。

③ JOG 进给率：默认为 400mm/min。范围由具体的机床决定。

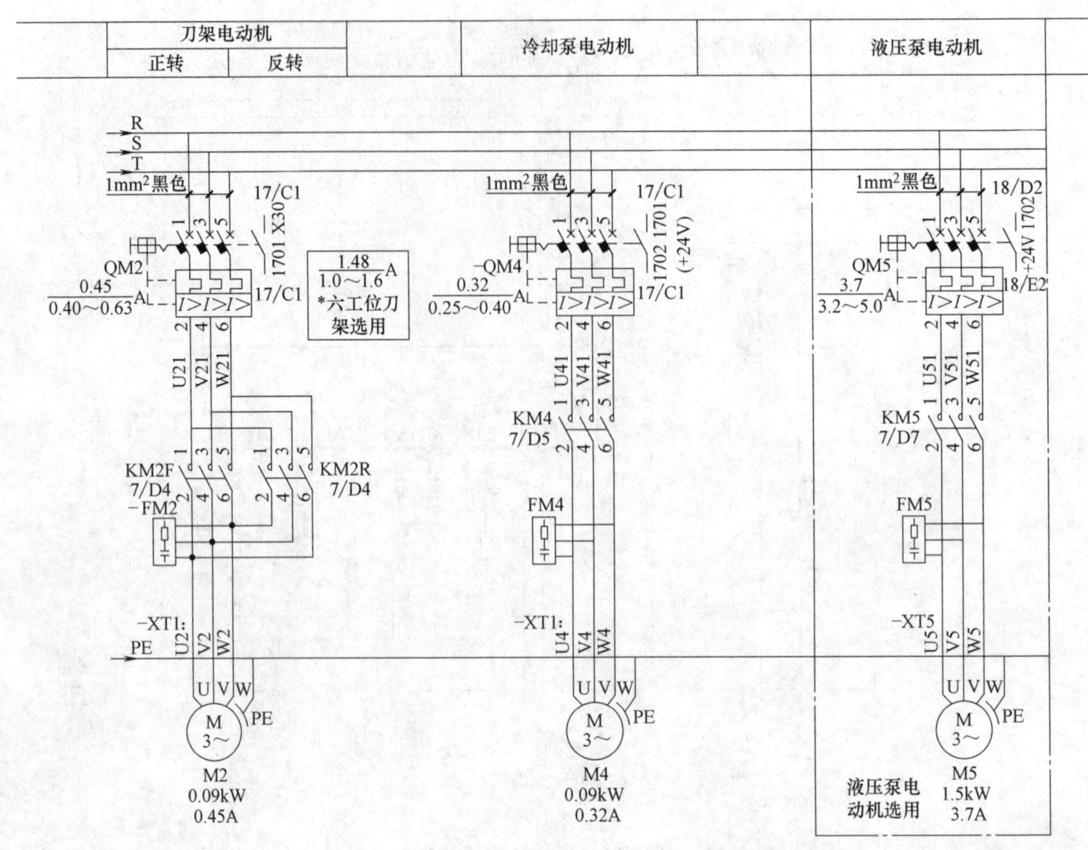

图 8-12 CKD6140i 型数控车床的主电路图

加工前可能还要设置这些加工参数。修改了参数后要记得按下“确认”，使修改生效，否则修改将不起作用。

3）对刀和刀具参数设置：按下[OFSET]按钮，将出现坐标系设置屏幕，如图 8-14 所示。

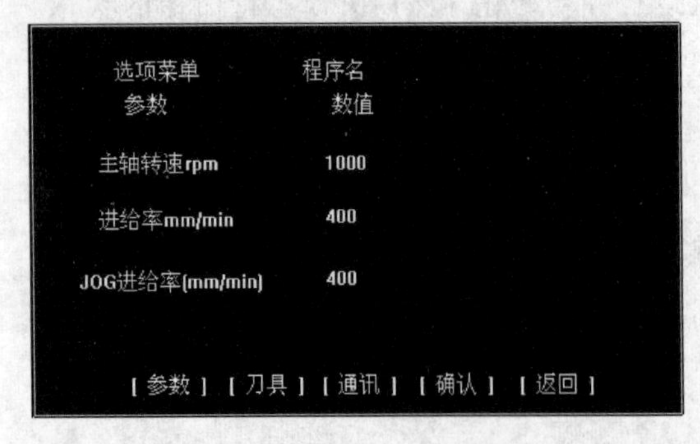

图 8-13 选项菜单设置屏幕

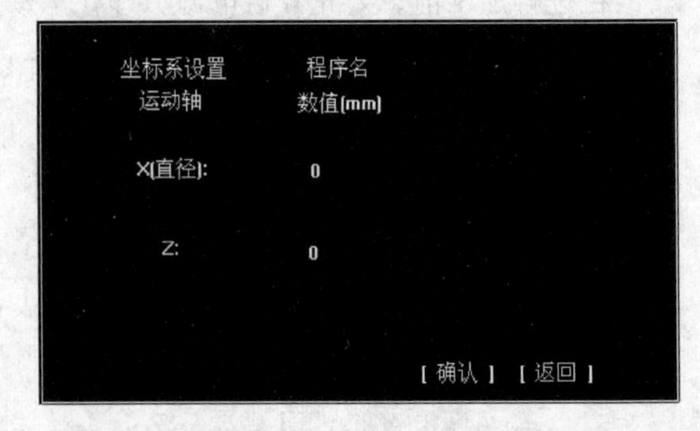

图 8-14 坐标系设置屏幕

输入当前对刀点的位置，按下“确认”后，程序便记住了输入的坐标值，从而确定了工件坐标系。

当选择了菜单中的“刀具”子菜单，或者屏幕字符键中的[TOOL PARAM]将出现刀具设置屏幕，如图 8-15 所示。

刀具参数包括刀具号、刀具长度补偿、刀具磨损。软键“向前”和“向后”分别表示选择前一把刀具和后一把刀具。单击软键“确认”将保存用户填入的刀具参数值，否则无效。对刀时有两种方式：

① 移动刀具，使其与工件相接触，直接按“对刀”后，就会自动显示出刀具补偿值。

② 移动刀具，使其与工件相接触，手动输入刀具参数值。

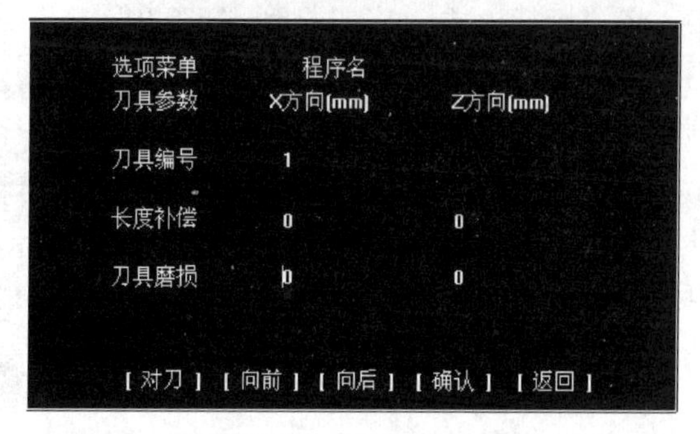

图 8-15　刀具设置屏幕

按“确认”将保存输入的刀具参数值，否则无效。

对刀时可以使用增量点动和连续点动。

选择运行模式 0.1-50JOG，使当前的进刀方式是增量点动。点动的增量值将从 0.1mm 到 50mm。选择了适合的点动增量后，按下相应的按钮，机床将沿着相应的方向运动，运动的距离为点动增量。例如：按下+X按钮，机床将沿着 X 轴的正方向运动。选择运行模式为 JOG 时为连续进给。增量点动的时候还可以选择运行的进给率，转动 JOG 的进给率旋钮到自己所需要的进给速度。

当把运行模式按钮打到“JOG”档，就选择了连续的进刀方式。选择连续的进刀方式后，按下相应的按钮，机床将沿着相应的方向运动直到用户再次按下上次按过的按钮。例如：按下+Z按钮，机床将沿相应的方向不断地运动，直到用户再次按下+Z按钮才停止。连续点动还可以采用不同的速度，默认的为低速，如果按下了按钮后，表明现在处于快速进刀中。再次按下按钮，速度又恢复为默认速度。当走到了需要下刀的位置后，进入“坐标系设置”菜单，输入对刀点的位置，按下“确定”按钮。

3. 读入程序或撰写程序

当选择了菜单中的“通讯”子菜单，将出现如图 8-16 所示屏幕。

“读入”菜单弹出“打开文件”对话框。用于程序读入已经编制好的加工代码文件。“输出”菜单用于将修改好的加工文件重新保存。“编辑”菜单显示程序编辑屏幕，显示当前读入的程序文件内容。如果输入文件成功，则在“通讯”屏幕上将显示文件名、文件大小和文件的路径。

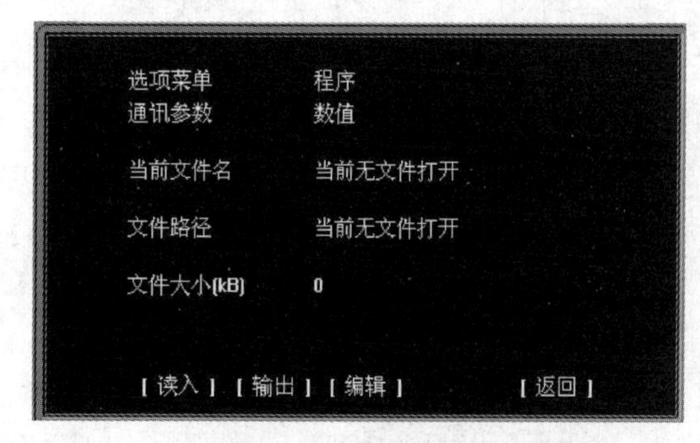

图 8-16　通讯子菜单

单击“编辑”菜单或者控制面板上的PRGRM按钮，都将进入如图 8-17 所示的屏幕显示。在这种情况下，可以进行自己所需要的操作。

4. 选择加工方式

用户可以根据自己的需要来选择加工方式。自动加工使用最为普遍，将“运行模式”旋钮打到“AUTO”启用自动加工模式。系统从输入的加工文件中读取代码，自动进行加工。将“运行模式”旋钮打到“STEP”启用单段加工，此种加工方式一般用于程序的调试，每次启动加工只加工一行加工代码。手动加工方式和自动方式类似，用户在撰写好加工文件并保存后，可以选择手动方式进行加工。

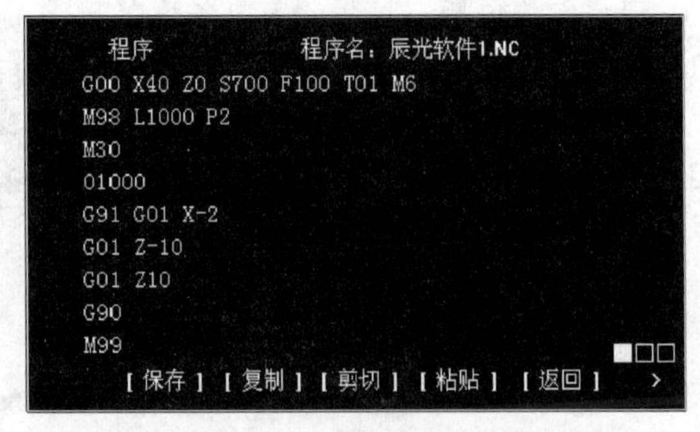

图 8-17　编程控制界面

5. 进行加工

上面的准备工作完成后，就可以进行加工了。确认当前的加工方式已经选为“自动加工”，“单段加工”，“手动加工”中的一种后，单击按钮启动加工过程。加工开始后，面板下方将出现进度条，提示用户当前的加工完成情况，如图 8-18 所示。

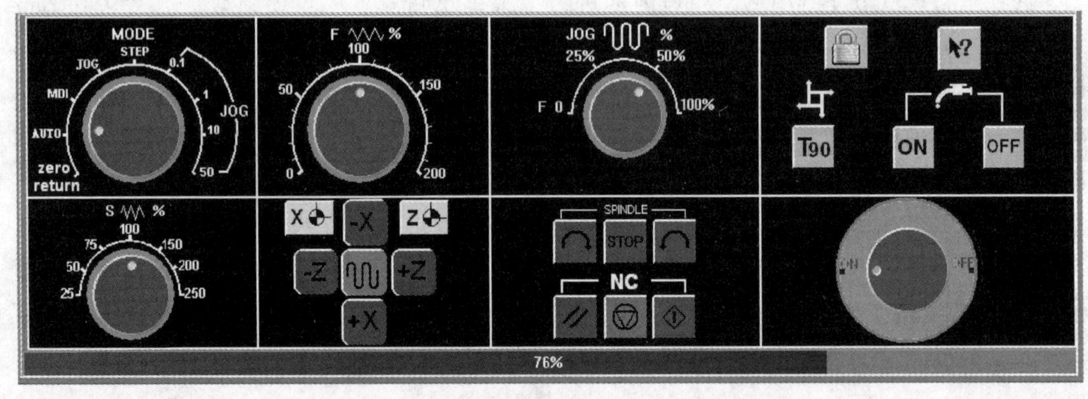

图 8-18　加工提示界面

加工过程中可以暂停，按下按钮，可以暂停当前加工过程。如要继续加工，可以再次按下按钮，恢复加工过程。如果在加工过程中出现了问题或者其他问题需要停止加工，可以按下按钮，系统将弹出如图 8-19 的对话框。

提示加工过程已经被中断。停止加工后程序将复位，如要继续加工必须重新开始。

加工完成后，将弹出如图 8-20 所示对话框提示加工完成。

图 8-19　加工中断提示对话框

图 8-20　加工完成提示对话框

6. 重复加工

只要按下键，就会重新再加工一遍零件。

【任务评价】

至此，任务二的基本任务已经学习完毕，具体的学习和操作效果可按照表 8-5 进行测试。

表 8-5　操作机床评价表

姓名		开始时间			
班级		结束时间			
项目内容	评分标准		扣分	自评	互评
开启电源操作是否正确					
回零操作是否正确					
参数设置是否正确					
对刀操作是否正确					
刀具参数设置是否正确					
是否能正确编辑程序					
是否能够正确选择加工方式					
是否能够正确加工工件					
是否具有安全意识					
教师点评		成绩(教师)			

【任务拓展】

了解 FANUC 数控系统操作面板。

1. 机床操作面板结构及功能说明

机床操作面板由大、小两块组成，小操作面板上安装有主轴负载表及控制器电源通断按钮，大操作面板位于操作下部，装有各种按钮、指示灯及操作部件。以下主要对大操作面板进行说明。

2. 操作面板说明

(1) CYCLE START——程序执行起动按钮（带灯）　自动操作方式时，选择所要执行的程序，按下此按钮，自动操作开始，执行自动操作期间，按钮内指示灯点亮。

(2) FEED HOLD——进给保持按钮（带灯）　自动执行程序期间，按下此按钮，机床运动轴即减速停止。

(3) MODE SELECT——方式选择开关，选择机床的工作方式

1）EDIT：编辑方式。

2）AUTO：自动方式。

3）MDI：手动数据输入方式。

4）JOG：点动进给方式。

5）HANDLE：手摇脉冲发生器进给方式。

6）RAPID：手动快速进给方式。

7）ZRN：手动返回机床参考零点方式。

8）DNC：DNC 工作方式。

9）TEACH. H：手轮示教方式。

（4）FEEDRATE OVERRIDE——进给速率修调开关　以给定的 F 指令进给时，可在 0~150%的范围内修改进给率。JOG 方式时，亦可用其改变 JOG 速率。

（5）BDT——程序段跳步功能按钮（带灯）　自动操作时此按钮接通，程序中有“\”的程序段将不执行。

（6）SBK——单程序段执行按钮（带灯）　自动操作执行程序时，每按一下 CYCLESTART 按钮，只执行一个程序段。

（7）DRN——空运行功能按钮（带灯）　自动或 MDI 方式时，此按钮接通，机床按空运行方式执行程序。

（8）Z AXIS LOCK——Z 轴锁定功能按钮（带灯）　自动执行程序时，此按钮接通，可禁止 Z 轴方向的移动。

（9）MLK——机床锁定按钮（带灯）　自动、MDI 或 JOG 操作时，此按钮接通，即禁止所有轴向运动（进给的轴将减速停止），但位置显示仍将更新 M、S、T 功能不受影响。

（10）OPS——程序段选择停功能按钮（带灯）　此按钮接通，所执行的程序在遇有 M01 指令处，自动停止执行。

（11）E-STOP——急停按钮　机床操作过程中，出现紧急情况时按下此按钮，伺服进给及主轴运行立即停止，CNC 进入急停状态。

（12）MACHINE RESET——机床复位按钮　机床通电后，释放急停按钮，如机床正常运行的条件均已具备，按下此按钮，强电复位并接通伺服。

（13）PROGRAM PROTECT——程序保护开关（带锁）　此开关处于“0”的位置可保护内存程序及参数不被修改，需要执行存入或修改操作时，此开关应置“1”。

（14）TOOL UNCLAMP——刀具松放按钮　手动工作方式下，按此按钮可卸下装于轴上的刀柄。

（15）WORK LAMP——工作灯开关

（16）RPM OVERRIDE——主轴转速修调开关　可在 50%~120%的范围内修调以 S 指令给定的主轴转速。

（17）CW——主轴手动正转按钮（带灯）

（18）STOP——主轴手动停止按钮（带灯）　机床处于手动工作方式，并已有 S 指令输入的条件下，可使用以上 3 只按钮，主轴进行起、停操作。

（19）COOL ON——冷却泵起动按钮（带灯）

（20）COOL OFF——冷却泵停止按钮（带灯）　不论处于何种工作方式，都可使用以上两只按钮控制冷却泵的起、停。

（21）AXIS SELECT——手动进给轴选择开关

（22）HANDLE MULTIPLIER——手轮进给倍率开关　以上两只按钮用于选择手轮进给

的每格位置当量。

（23）JOG+——点动正向按钮

（24）JOG-——点动负向按钮 点动方式下，以上两只按钮与轴选择开关配合可点动移动各轴，ZRN方式下，JOG+用于相应轴回零操作。

（25）MANUAL PULSE GENERATOR——手摇脉冲发生器 手轮工作方式下，与轴选择开关配合可以手轮移动各轴。

（26）发光二极管指示灯

1）MACHINE POWER——（绿）机床电源接通指示。

2）MACHINE READY——（绿）机床强电复位指示。

3）CNC POWER——（绿）控制器电源接通指示。

4）CNC ALARM——（橙）控制器故障报警。

5）SPINDLE ALARM——（橙）主轴报警。

6）LUBE ALARM——（橙）润滑泵液面低报警。

7）AIR ALARM——（橙）气压低报警。

8）ATC ALARM——（橙）自动换刀报警。

9）X HOME——（红）X轴机床回零指示。

10）Y HOME——（红）Y轴机床回零指示。

11）Z HOME——（红）Z轴机床回零指示。

12）HOME——（红）第4轴机床回零指示。

【思考与练习】

1. 简述回零操作的方法。
2. 简述对刀操作的步骤。

任务三 CKD6140i型数控车床电气控制系统的一般故障排除及调试

【任务描述】

小李经过一天的时间已基本了解了CKD6140i型数控车床的功能、结构和运动形式，对该数控车床的电气控制电路部分也有了一定的了解，接下来就要开始对数控车床进行故障检测并维修。

【任务目标】

1）能根据现象判断故障范围。

2）能检测并排除故障点。

【使用材料、工具与方法】

本任务主要使用的方法是自我学习和现场操作，根据任务的目标结合材料及工具，完成本任务的相关要求。材料及工具详见表8-6。

表 8-6 使用的材料及工具清单

序号	材料及工具名称	数量
1	CKD6140i 型数控车床	1 台
2	CKD6140i 型数控车床电气使用说明书	1 本
3	大小螺钉旋具(一字、十字)	各 1 把
4	活扳手、套筒扳手等	1 套
5	数字万用表	1 个
6	剥线钳	1 把
7	尖嘴钳	1 把
8	电烙铁套件	1 套
9	CKD6140i 型数控车床清单相关备件	若干
10	导线等	若干
11	安全防护(工作服及手套等)	1 套

【知识链接】

1. 电池和保险的更换

(1) 存储器用电池的更换　打开柜门更换电池时，注意不要触高压电路部分（带有⚠标记，并有放电外罩），若碰触到未盖外罩的高压电路即会触电。

因为即使判断 CNC 电源，仍要保留程序、偏移量和参数等数据，所以要使用电池。如果电池电压下降，会在机床操作面板或 LCD 画面上显示电池电压降低报警。当显示出电池电压报警时，要在一周内更换电池，否则，存储器的内容会丢失。

>> **警告**　电池更换不正确，将引起爆炸。更换电池要使用指定的类型和型号。

(2) 绝对脉冲编码器用电池的更换　打开柜门更换电池时，注意不要触高压电路部分（带有⚠标记，并有放电外罩），若碰触到未盖外罩的高压电路即会触电。

绝对脉冲编码器因要保存绝对位置，所以要用电池。电池电压低时，机床操作面板或画面上会显示出绝对脉冲编码器的电池电压低的报警。若显示了电池电压低报警，须在一周内换电池，若不换，绝对脉冲编码器内部的绝对位置数据会丢失。

(3) 熔丝的更换　更换熔丝时，先要找出引起熔丝熔断的原因，再更换。当打开电气柜更换熔丝时，小心不要接触高压电路部分（带有⚠标记，并有放电外罩），若碰触到未盖外罩的高压电路即会触电。

I/O LINK 板的熔丝安装位置如图 8-21 所示。

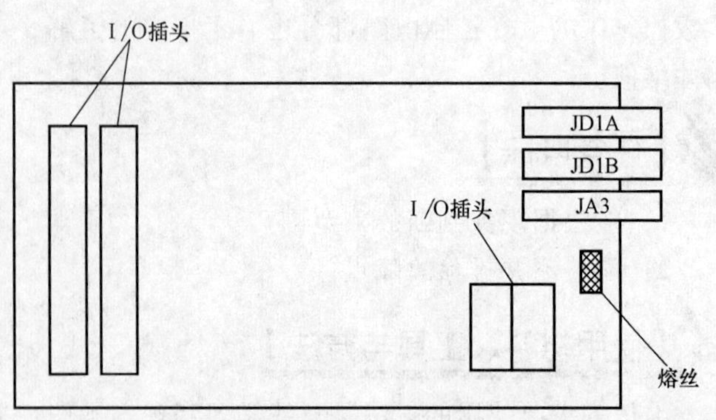

图 8-21　I/O LINK 板的熔丝安装位置

2. 常见易损件

因机床中有很多器件是高速运转，并与运动物体紧密接触的，一定寿命。机床正常运行一段时间后，这些器件的磨损会导致机床出现一些故障，这时就要进行更换。易损件清单见表 8-7。

表 8-7　易损件一览表（部分）

图号	名称	规格	数量	配件号
AP0B-1G	指示灯	24V	3 个	绿色 1 个，蓝色 2 个
LA39-E11YJ/K	钥匙开关	24V	1 个	
LA39-E22XSJ/K	旋钮开关	24V	1 个	
LA39-A-11Z	急停开关		1 个	
DPN01××J20R	电子波段开关		1 个	
KN32	钮子开关	24V	1 个	
01P-SM40. Q1P+W+L24	按钮	黄灯	1 个	
01P-SM40. Q1P+R+L24	按钮	红灯	1 个	
LA39-E11J/W	按钮		1 个	
LA39-E11J/R	按钮		1 个	
ACZ-232/9K	RS232 插座		1 套	
JC11-A	工作灯	24V，50W	1 个	EL1
DC-120S	工作灯	220V，36W	1 个	EL1
S-100-24	稳压电源	220V/DC24V	2 台	GS1、GS2
JBK5-630	变压器	380V/220V_180V · A 24V-26V-28V_150V · A 220V_300V · A	1 台	TC1
RJ	电阻	1/2W，1. 3kΩ	6 个	R1 ~ R6
QL-10A/200	桥式整流器	10A/200W	1 个	VC
DZ108-20/211	低压断路器	整定到 1. 48A	1 个	QM2 六工位刀台选用
DZ108-20/211	低压断路器	整定到 0. 45A	1 个	QM2 四工位刀台选用
DZ108-20/211	低压断路器	整定到 0. 32A	1 个	QM4 冷却电动机
CSKB2-63D/3P16A	空气断路器		1 个	QF13 变频电动机
CSKB2-63D/3P2A	空气断路器		1 个	QF2
CSKB2-63D/3P6A	空气断路器		1 个	QF3
CSKB2-63D/3P3A	空气断路器		1 个	QF5
CSKB2-63D/3P1A	空气断路器		1 个	QF6
CJX2-09/01Y 带 1 闭点	交流接触器	50Hz/220V	3 个	KM2、KM4、KM6
CJX2-25/10Y 带 1 开点	交流接触器	50Hz/220V	1 个	KM11
SM-2-E	三相灭弧器	卡轨式	3 个	FV2 ~ FV4
RJ2S-CLD-D24	小型控制继电器	带浪涌抑制回路指示灯	8 个	KA1 ~ KA2 KA4 ~ KA6 KA11 ~ KA13
VFD055V43A	变频器		1 台	
CSKB2-63D/3P16A	空气断路器	3P，16A	1 个	QF13

（续）

图号	名称	规格	数量	配件号
JH9-1.540+0606	分线板		1个	

3. 维修工作票

表8-8所示为本任务给定的维修工作票。

表8-8 维修工作票（范例）

设备编号	CKD6140i
工作任务	根据“CKD6140i型数控车床电气控制原理图”完成电气线路故障检测与排除
工作时间	
工作条件	检测及排除故障过程：停电 观察故障现象和排除故障后试机：通电
工作许可人签名	
维修要求	1. 工作许可人签名后方可进行检修 2. 对电气线路进行检测，确定线路的故障点并排除 3. 严格遵守电工操作安全规程 4. 不得擅自改变原线路接线，不得更改电路和元器件位置 5. 完成检修后能使该机床正常工作
故障现象描述	
故障检测和排除过程	
故障点描述	

4. 常见的电气故障

CKD6140i型数控车床的常见电气故障及处理见表8-9。

表8-9 CKD6140i型数控车床的常见电气故障及处理

现象	原因	处理方法
主轴电动机不能起动	1. 电源故障，如接线头松动、电源开关故障等 2. 起动按钮接触不良 3. 电动机损坏 4. 变频器故障，如正转信号断、反转信号断等	1. 紧固接线头或更换电源开关 2. 更换起动按钮 3. 更换电动机 4. 更换变频器信号线
进给伺服系统故障	1. 伺服变压器故障 2. 驱动器故障，如外接电源输入端子松动、输出线路接头松动、系统控制信号断等 3. 伺服进给电动机故障 4. 限位开关损坏或限位信号线松动、脱落等	1. 更换伺服变压器 2. 紧固外接电源输入端子、紧固输出线路接头、更换系统控制信号线 3. 更换伺服进给电动机 4. 更换限位开关或紧固限位信号线接线端

（续）

现象	原　　因	处 理 方 法
刀架电动机不能起动，机床不能自动换刀	1. 电源故障，如接线头松动、开关故障等 2. 控制电路故障，如接触器损坏 3. 信号故障，如信号线松动、脱落、系统没有信号等 4. 刀架的霍尔元件损坏等	1. 紧固电源接线端子、更换开关 2. 更换接触器 3. 紧固信号线接线端子 4. 更换霍尔元件
机床不能回零点	1. 原点开关触头被卡死不能动作 2. 原点挡块不能推动原点开关动触头到开关动作位置 3. 原点开关进水导致开关触头生锈，接触不好 4. 原点开关线路断开或输入信号源故障 5. PLC 输入点烧坏	1. 清理被卡住部位，使其活动部位动作顺畅，或者更换行程开关 2. 调整行程开关的安装位置，使零点开关触头能被挡块顺利压到开关动作位置 3. 更换行程开关并做好防水措施 4. 检查开关线路有无断路短路，有无信号源 24V 直流电源 5. 更换 I/O 板上的输入点，做好参数设置，并修改 PLC 程式
机床正负硬限位报警	1. 行程开关触头被压住，卡住（过行程） 2. 行程开关损坏 3. 行程开关线路出现断路、短路和无信号源 4. 限位挡块不能推动开关动触头到动作位置 5. PLC 输入点烧坏	1. 手动或手轮摇离安全位置，或清理开关触头 2. 更换行程开关 3. 检查行程开关线路有无短路，短路有则重新处理。检查信号源 24V 直流电源 4. 调整行程开关安装位置，使之能正常推动开关动触头至动作位置 5. 更换 I/O 板上的输入点并做好参数设置，修改 PLC 程式
松刀故障	1. 气压不足 2. 松刀按钮接触不良或线路断路 3. 松刀按钮 PLC 输入地址点烧坏或者无信号源 24V 4. 松刀继电器不动作 5. 松刀电磁阀损坏 6. 打刀量不足 7. 打刀缸油杯缺油 8. 打刀缸故障	1. 检查气压待气压达到 $(6\pm1)\mathrm{kgf/cm^2}$ $(1\mathrm{kgf/cm^2}=0.098\mathrm{MPa})$ 即可 2. 更换开关或检查线路 3. 更换 I/O 板上 PLC 输入口或检查 PLC 输入信号源，修改 PLC 程式 4. 检查 PLC 输出信号有/无，PLC 输出口有无烧坏，修改 PLC 程式 5. 电磁阀线圈烧坏，则更换之；电磁阀阀体漏气、活塞不动作，则更换阀体 6. 调整打刀量至松刀顺畅 7. 添加打刀缸油杯中的液压油 8. 打刀缸内部螺钉松动、漏气，则要将螺钉重新拧紧，更换缸体中的密封圈，若无法修复则更换打刀缸
三轴运转时声音异常	1. 轴承有故障 2. 丝杠母线与导轨不平衡 3. 耐磨片严重磨损导致导轨严重划伤 4. 伺服电动机增益不相配	1. 更换轴承 2. 校正丝杠母线 3. 重新贴耐磨片，导轨划伤太严重时要重新处理 4. 调整伺服增益参数使之能与机械相配
润滑故障	1. 润滑泵油箱缺油 2. 润滑泵打油时间太短 3. 润滑泵卸压机构卸压太快 4. 油管油路有漏油 5. 油路中单向阀不动作 6. 润滑泵电动机损坏 7. 润滑泵控制电路板损坏	1. 添加润滑油到上限线位置 2. 调整打油时间为 32min 打油 16s 3. 若能调整可调节卸压速度，无法调节则要更换之 4. 检查油管油路接口并处理好 5. 更换单向阀 6. 更换润滑泵 7. 更换控制电路板

（续）

现象	原　因	处理方法
程序不能传输，出现P460、P461、P462报警	1. 传输线故障 2. 计算机软件问题 3. 计算机问题	1. 检查传输线有无断路、虚焊，插头有无插好 2. 计算机传输软件侧参数应与机床侧一致 3. 更换计算机重试信号传输
刀库问题	1. 换刀过程中突然停止，不能继续换刀 2. 斗笠式刀库不能出来 3. 换刀过程中不能松刀 4. 刀盘不能旋转 5. 刀盘突然反向旋转时差半个刀位 6. 换刀时，出现松刀、紧刀错误报警 7. 换过程中还刀时，主轴侧声音很响 8. 换完后，主轴不能装刀，松刀异常	1. 气压是否足够 $6kgf/cm^2$ 2. 检查刀库后退信号有无到位，刀库进出电磁阀线路及PLC有无输出 3. 打刀量调整，打刀缸体中是否积水 4. 刀盘出来后旋转时，刀库电动机电源线有无断路，接触器、继电器有无损坏等现象 5. 刀库电动机制动机构松动无法正常制动 6. 检查气压，气缸有无完全动作，是否有积水，松刀到位开关是否被压到位，但不能压得太多，以刚好有信号输入为原则 7. 调整打刀量 8. 修改换刀程序宏程序O9999
机床不能上电	1. 电源总开关三相接触不良或开关损坏 2. 操作面板不能上电	1. 更换电源总开关 2. 检查以下项目 A. 开关电源有无24V电压输出 B. 系统上电开关接触不好，断电开关断路 C. 系统上电继电器接触不好，不能自锁 D. 线路断路 E. 驱动上电交流接触器，系统上电继电器有故障 F. 断路器有无跳闸 G. 系统是否正常完成准备工作或Z轴驱动器有无损坏，有无自动上电信号输出
冷却泵故障	1. 冷却泵损坏 2. 电源相序接反 3. 交流接触器、继电器损坏 4. 面板按钮损坏	1. 更换冷却泵 2. 更换电源相序 3. 更换交流接触器和继电器 4 更换面板按钮
吹气故障	1. 电磁阀无动作 2. 吹气继电器无动作 3. 面板按钮和PLC输出接口无信号	1. 检查电磁阀是否损坏，如损坏应更换 2. 检查吹气继电器是否损坏，如损坏应更换 3. 更换面板按钮

【任务实施】

1. 观察故障现象

接通总电源开关QS1，电源指示灯亮。控制系统执行回零动作时发现Y轴有回零动作，但找不到零点，系统报警显示回零错误。

2. 填写维修工作票

填写维修工作票“故障现象描述”一栏：机床坐标找不到零点。

3. 故障分析

产生回零故障的原因有以下几种：

1）零点开关损坏（未给出系统减速信号），致使回零轴高速通过零点。

2）检测元件损坏（未给出零标志脉冲信号），致使系统零点查询失败。

3）接口电路损坏（系统接收不到零点开关、零点脉冲信号）。可重点检查零点开关、检测元器件以及接口电路的工作状态。

4. 故障排除

机床Y轴能进行回零操作，说明控制、伺服系统基本没问题，检查和回零操作有关的元器件，安装位置、状态均正常，观察I/O接口状态，发现零点脉冲输入口无信号，最终确认测量元件——脉冲编码器损坏，无法发出零点脉冲信号，更换后，故障消失。

5. 填写维修工作票

填写的方法及内容详见表8-10。

表8-10　维修工作票

设备编号	CKD6140i
工作任务	根据“CKD6140i型数控车床电气控制原理图”完成电气线路故障检测与排除
工作时间	填写工作起止时间，例： 自2016年10月22日14时00分至2016年10月22日15时30分
工作条件	检测及排除故障过程：停电 观察故障现象和排除故障后试机：通电
工作许可人签名	车间主任签名（例）
维修要求	1. 工作许可人签名后方可进行检修 2. 对电气线路进行检测，确定线路的故障点并排除 3. 严格遵守电工操作安全规程 4. 不得擅自改变原线路接线，不得更改电路和元器件位置 5. 完成检修后能使该机床正常工作
故障现象描述	机床坐标找不到零点
故障检测和排除过程	机床Y轴能进行回零操作，说明控制、伺服系统基本没问题，检查和回零操作有关的元器件，安装位置、状态均正常，观察I/O接口状态，发现零点脉冲输入口无信号，最终确认测量元件——脉冲编码器损坏，无法发出零点脉冲信号，更换后，故障消失
故障点描述	测量元件——脉冲编码器损坏

【任务评价】

至此，任务三的基本任务已经学习和操作完毕，具体的学习和操作效果可以按照表8-11进行测试。

表 8-11　机床电气故障排除评价表

姓名		开始时间			
班级		结束时间			
项目内容	评分标准		扣分	自评	互评
在电气原理图上标出故障范围	不能准确标出或标错，扣 10 分				
按规定的步骤操作	错一次扣 10 分				
判断故障准确	错一次扣 10 分				
正确使用电工工具和仪表	损坏工具和仪表扣 50 分				
场地整洁，工具仪表摆放整齐	一项不符扣 5 分				
文明生产	违反安全生产的规定，违反一项扣 10 分				
教师点评		成绩(教师)			

【任务拓展】

数控机床的电气故障可按故障的性质、故障的表象、产生故障的原因或后果等进行分类。

1）以故障发生的部位可分为硬件故障和软件故障。硬件故障是指电子元器件、印制电路板、电线电缆、接插件等产生不正常状态甚至损坏的故障，硬件故障是需要修理甚至更换才可排除的。而软件故障一般是指 PLC 逻辑控制程序中产生的故障，需要输入或修改某些数据甚至修改 PLC 程序方可排除的故障。零件加工程序故障也属于软件故障。最严重的软件故障则是数控系统软件的缺损甚至丢失，一旦发生这种故障就只有与生产厂商或其服务机构联系解决了。

2）以故障出现时有无指示和报警，可分为有诊断指示故障和无诊断指示故障。现代数控系统都设计有完美的自诊断程序，实时监控整个系统的软、硬件性能，一旦发现故障则会立即报警或者还有简要文字说明在屏幕上显示出来，结合系统配备的诊断手册，不仅可以找到故障发生的原因、部位，而且还有排除的方法提示。有诊断指示的电气故障较为容易排除；无诊断指示的故障通常是由于上述诊断程序的不完整性所致（如开关不闭合、接插松动等）。这类故障则要依靠对产生故障前的工作过程和故障现象及后果，并依靠维修人员对机床的熟悉程度和技术水平加以分析和排除。

3）以故障出现时对工件或对机床有无破坏，分为破坏性故障和非破坏性故障。对于破坏性故障，损坏工件甚至机床的故障，维修时不允许重演，这时只能根据产生故障时的现象进行相应的检查、分析，从而来排除之，技术难度较高且有一定风险。对于非破坏性故障，则可卸下工件，试着重现故障过程，但应十分小心。

4）以故障出现的或然性，分为系统性故障和随机性故障。系统性故障是指只要满足一定的条件则一定会产生的确定的故障；而随机性故障是指在相同的条件下偶尔发生的故障，这类故障的分析较为困难，通常多与机床机械结构的局部松动错位、部分电气工件特性漂移或可靠性降低、电气装置内部温度过高有关。此类故障的分析需经反复试验、综合判断才可能排除。

5）以机床的运动品质特性来衡量，则属于机床运动特性下降的故障。在这种情况下，机床虽能正常运转却加工不出合格的工件。例如机床定位精度超差、反向死区过大、坐标运行不平稳等。这类故障必须使用检测仪器确诊产生误差的机、电环节，然后通过对机械传动系统、数控系统和伺服系统的最佳化调整来排除。

故障的分类方式很多，而一种故障的产生往往是多种类型的混合，这就要求维修人员根据故障的性质、故障的表象、产生故障的原因或后果等具体情况，参照上述分类采取相应的分析及故障排除方法。

【思考与练习】

1. 请简述 CKD6140i 型数控车床排除故障的方法及过程。
2. 如果冷却泵电动机不能工作，请问是什么原因？

参 考 文 献

[1] 刘永久. 数控机床故障诊断与维修技术（FANUC 系统）[M]. 2 版. 北京：机械工业出版社，2009.
[2] 龚仲华. FANUC-0iC 数控系统完全应用手册 [M]. 北京：人民邮电出版社，2009.
[3] 邵泽强，黄娟. 机床数控系统技能实训 [M]. 2 版. 北京：北京理工大学出版社，2009.